玫瑰不必非要做

郑宏霞 顾淳 著

沈阳出版发行集团
沈阳出版社

图书在版编目（CIP）数据

不必非要做玫瑰 / 郑宏霞, 顾淳著. —— 沈阳：沈阳出版社，2023.1

ISBN 978-7-5716-2464-4

Ⅰ.①不… Ⅱ.①郑… ②顾… Ⅲ.①女性 - 成功心理 - 通俗读物 Ⅳ.①B848.4-49

中国版本图书馆CIP数据核字(2022)第248011号

出 版 人：	张　闯
出版发行：	沈阳出版发行集团|沈阳出版社
	（地址：沈阳市沈河区南翰林路10号　邮编：110011）
网　　址：	http://www.sycbs.com
印　　刷：	辽宁泰阳广告彩色印刷有限公司
幅面尺寸：	130mm×190mm
印　　张：	7.25
字　　数：	100千字
出版时间：	2023年3月第1版
印刷时间：	2023年3月第1次印刷
出版统筹：	赵长伟
责任编辑：	杨　静　李　娜　邵彤彤
	张　娜　何旖晴
文字编辑：	康丽霞
营销策划：	郑　为
装帧设计：	琥珀视觉
责任校对：	高玉君
责任监印：	杨　旭

书　　号：	ISBN 978-7-5716-2464-4
定　　价：	58.00元

联系电话： 024-24112447
E - mail： sy24112447@163.com

本书若有印装质量问题，影响阅读，请与出版社联系调换。

CONTENTS
—— 目录 ——

像关注身体健康一样关注心理健康 / 1

保持与闺密的距离 / 5

别人怎么对你都是你教的 / 9

不要成为生活中的『鸵鸟』/ 13

不要因为别人的话而困惑 / 17

彩礼钱背后的价值 / 21

CONTENTS
—— 目录 ——
2

超过 90% 的情侣根本没有爱情 / **25**

超前消费比月光族还可怕 / **29**

大胆对父母的催婚说"NO" / **33**

当你又忙又美,何惧患得患失 / **37**

等待和拖延只会夺走你的动力 / **41**

高敏感是你的优势 / **45**

孤独的人不一定要寻找同类 / **51**

两个人在一起的意义是彼此鼓励和支持 / **57**

即使没有优越的条件也可以活出精彩的自己 / **61**

CONTENTS
— 目录 —

减肥没那么容易，每一块肉都有它的脾气 / 65

接受不完美，你会越来越好 / 69

经常加班的不一定是好员工 / 73

"恋爱脑"不等于真心至上 / 77

两个人合适真的比爱情更重要吗 / 81

面对道德绑架就要优雅地怼回去 / 85

明明想拒绝，话到嘴边却是"好的" / 89

明知是渣男，为什么不放手 / 93

你是胸怀大志还是好高骛远 / 97

CONTENTS
—— 目录 ——

努力不是立刻就有回报 / **101**

偏见和歧视是廉价的优越感 / **107**

如果心情不好就做点什么转移注意力 / **111**

我的朋友圈仅三天可见 / **117**

我们总是把最糟糕的一面留给家人 / **121**

我在外面过得挺好的 / **125**

不用太在意你的羡慕嫉妒恨 / **129**

想得明白，也要过得明白 / **133**

想哭就哭吧 / **137**

CONTENTS
—— 目录 ——

25 岁，人生开挂 / **141**

选择性社恐 / **145**

学会收敛在感情中的控制欲 / **149**

一个人成长的底气来自家人给的安全感 / **153**

一个人的魅力来自自信而不是外貌 / **159**

因为害怕，开始就选择了拒绝 / **163**

用"强迫"的方式治好自己的"强迫症" / **167**

有意义的熬夜不一定对身体有害 / **171**

与其讨好别人，不如武装自己 / **175**

CONTENTS
— 目录 —
6

允许自己躺平一会儿 / **179**

在感情中要学会顺其自然 / **185**

只要不赖床你就是积极的 / **189**

自卑从来都是源于比较 / **193**

自律从放下手机开始 / **197**

自我原谅最大的危险是无法改过自新 / **201**

做一个不好惹的人或许会更受欢迎 / **205**

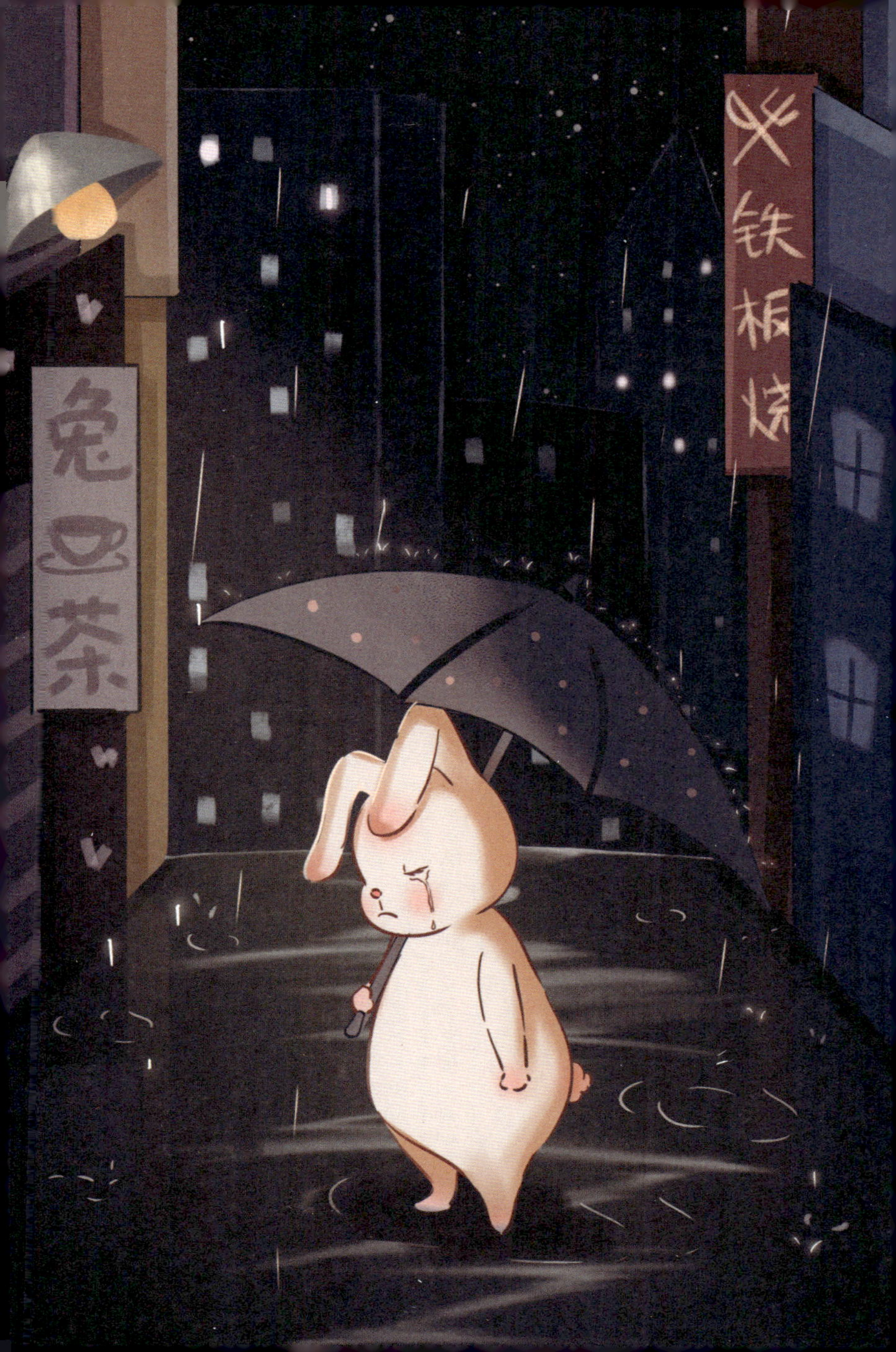
兔豆茶
铁板烧

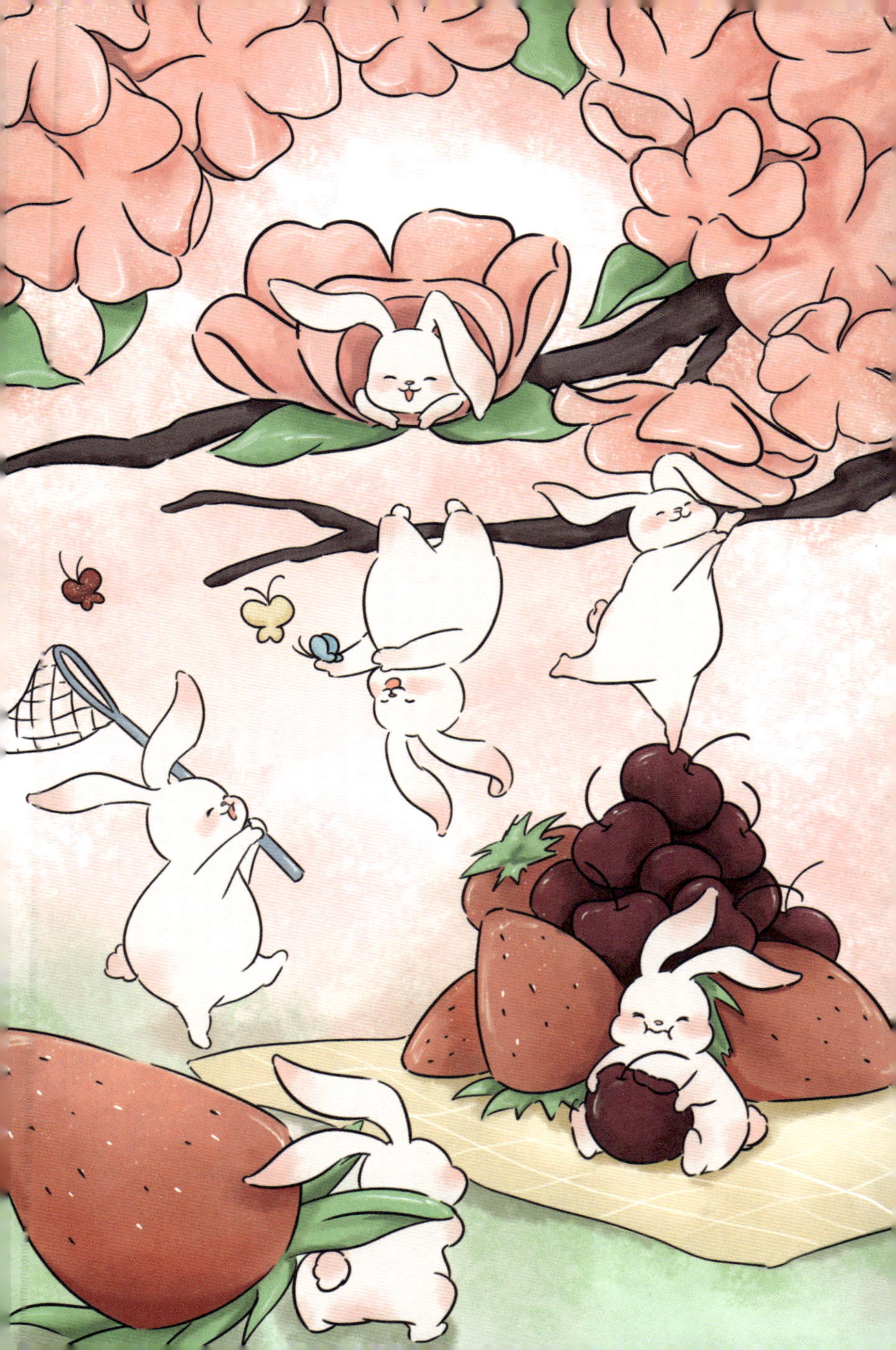

且听风吟，静待花开

问： 产生了持续的不良情绪，我经常想去看心理医生，但我又觉得是否有些小题大做？

像关注身体健康一样关注心理健康

如今人类社会步入 VUCA（不稳定、不确定、复杂、模糊）时代，它打破了我们集体潜意识中那种趋于安宁的、抱持的、稳定的状态，这是一个生活在这个时代的人类所要面对的现实。而女性所承担的社会责任、家庭责任，加之更高的自我要求，也使得女性同胞处于前所未有的焦虑和疲惫中。

有目共睹，近年来女性获得了前所未有的发展机遇。她们获得了更多，但却没有因此更快乐，反而焦虑不已、疲惫不堪。甚至是没有做什么就会感觉很累，因为这种累不是身体上的累，而是心理上的累。

如果我们的身体出现了疲劳、难受，我们就会选择休息或者去医院诊治。但当我们的心理出现这样的倦怠和无力时，为什么我们总是选择视而不见呢？通过多年的心理咨询从业经历，我看到太多的女性严重忽视心理健康，甚至有时还存在强烈的羞耻感，无论已经多么痛苦了，还是选择将能量更多地消耗在心理摩擦上，而不是对外的行动上，任由"精神内耗"损伤自己的心理健康和身体健康。没错，心理健康和身体健康是密不可分的。我们必须知晓"身心疾病"的概念，了解我们每一种生理上的疾病都是心理问

像关注身体健康一样关注心理健康

题在身体上或隐或显的表征。比如常见的2型糖尿病，除了引发该病症的遗传、肥胖、吸烟等原因外，从心理的角度来讲，患病的人常常将自己的价值建立在别人的需求上，在潜意识里，他们希望所有人都觉得"我重要"，当这种需求不能得到满足时，便在心里储存了很多的委屈和抱怨，而这种情绪垃圾是造成他们内分泌失调、促使病症形成的原因之一。

在以往的咨询经历中，有这样一个案例，就是我所说的"身心疾病"问题。

28岁的公司职员小李，未婚，独居，半年前在家中起床时突然晕倒，意识模糊数分钟，醒来后去医院做了多项、多次检查，均没有发现异常。此后，小李开始整天担心自己的身体，渐渐地出现睡眠质量下降、多梦、睡眠时间减少等情况。她白天工作时精力不集中，经常恍惚，记忆力下降，身体乏力，对什么事情都提不起兴趣，更不愿意与同事、朋友交流。后来她发展到不愿意外出，不敢见人，需要妈妈陪伴，情绪状态极差，对生活失去信心。

小李的情况就是非常常见的"身心疾病"。

小李从一次意外晕倒后，便怀疑自己身体有问题，担心自己得了可怕的、不可治愈的疾病，而始终处于一种消极情绪中，甚至影响到了自己的正常工作及人际交往。

而像现在越来越年轻化的疾病，如高血压、心脏病等都不同程度上与人的心理压力有一定关系。因此，"身体疾病"的背后潜藏着不可忽视的心理因素，当能够看到身心症状的联系和因果关系时，我们就能更坦然地面对自身各种各样的心理状况。

这个时代的种种呈现，是时候让我们去思考心理问题对身体造成的影响了，现在流行的躺平、内卷、emo等都跟我们自身基础能量中的认知和情绪正相关。那么我们该怎么办？其实当你打开这本书的时候，就已经是一位积极关注自我心理健康的"人类高质量女性"了。

新时代的女性除了拥有健康、美貌，更应该拥有持续快乐的能力。

保持与闺密的距离

问： 哪个女孩没有闺密？如果和闺密发生矛盾，产生不愉快，那真是令人难过的事情。这样的矛盾可以避免吗？

其实保持距离就是最大限度不发生矛盾的方法。

有的人可能会觉得，保持距离是对友谊的亵渎。的确，闺密这个角色恐怕是女性生活中不可缺少的一部分。对于擅长自我表达的女性来说，她和闺密畅谈的快乐和心意相通的自在，是伴侣很难给予的。从心理学的角度来说，这种良好的互动倾诉能帮助女性获得稳定的情绪和满足的情感。因此，良好稳固的闺密关系有助于女性保持积极乐观的心态，从而对身体健康产生正影响。

如此令人愉快的关系，为什么要保持距离？其实这是因为女性的另一个特质——情感细腻、敏感多思。因此闺密关系也如同亲密关系一样，需要用心经营呵护。

尊重

懂得尊重对方几乎是经营好一切关系的前提。两个女孩子之所以能成为闺密，很大一部分原因是两个人有共同点或共同爱好。但这个世界没有完全相同的两个人，不同的原生家境及成长经历注定两个人存在差异。保持尊重的距离，说到底就是要懂得平衡双方的需求，让双方都在这段关系里感受到愉悦和支持。我常常会和那些在亲密关系上有困惑的学员说："情绪的背后是需求。"因为一旦人的需求没能得到满足，就会通过情绪来表达，而情绪如果不及时处理，就容易升级成为矛盾，吵着吵着，人们就离最初的需求越来越远了，吵到一定程度后，情绪失控，恶言恶语程度升级，更有甚者大打出手，关系就这样被慢慢破坏了。

底线

每个人的内心都有一道自己的底线，它们就好像一个机关，一旦你不明状况地触发了这个机关，关系可能就会瞬间跌至冰点。因此，所谓保持距离，最核心的部分就是要守护彼此的底线。其实，人在理智的情况下都能懂得尊重对方的底线，最怕的就是人在情绪中怒火中烧，口无遮拦地说很多伤人的话。这些伤人的话对你只是起到了发泄情绪的作用，但是在对方的心上却是会留下疤痕的。

除了守护彼此内心的底线，守住金钱的底线也很重要。闺密之间的关系到了一定的亲密程度，她们就会生活用品和衣物互用互穿，但是在金钱方面还是要有一定的原则，比如一方朝另一方借钱一定要还，一起出去旅行，购物账目不能不清不楚，等等。

抽离

我们知道闺密之间会交流很多自己生活中发生的事情，甚至有一句玩笑话说，闺密之情就是从共同讨厌的人或者共同喜欢的口红色号开始，因此女性之间谈论最多的话题是心情和感受。这又要说到"情绪"二字了，当闺密找到你，哭诉她男朋友或老公的种种"恶行"，咒骂老板的剥削压榨，吐槽周围"绿茶"的心机时，你要清楚地知道她是在"闹情绪"，且背后都跟着她的需求。通常另一方都是被描述者，看着眼前激动无比的闺密，你要考量她的表述足够客观吗？这个时候闺密的确需要我们的安慰和拥抱，但你绝不能在这个时候跟着闺密的情绪跑——保持你们之间情绪的距离，你才能给闺密最智慧的陪伴。

和闺密的距离，现在你 get 了吗？

距离产生美，这句话依然适用于闺密之间。

问： 每天下班回来他都倒在沙发上打游戏，而我却要做晚饭、打扫卫生。他觉得上了一天班很累，想要放松一下，可是我同样上了一天班，回家还要面对这些家务，每天这样真是太累了。

别人怎么对你都是你教的

如果我告诉这个女生，这个男生的行为都是你教会的，女生会不会委屈得哭起来？

每一个人都有一些无法和别人提及的无奈或是伤痛，又或者阶段性地感到迷茫、痛苦和无助。有的人在工作的团队中会感觉越努力越累；有的人觉得自己遇人不淑，恨不得把一切都给对方，却还是得不到对方的重视。

事实上，我们每一个人都在无意识中教会了别人如何对待自己。有的人教会了别人如何尊重自己，

有的人则教会了别人如何伤害自己。生活中每个人都是你的一面镜子，透过别人，看到真实的自己。

在这里不得不提到 镜像神经元 的概念，我们可以通过镜像神经元理解他人的感情。当人经历某种情绪，或者看到别人表现出某种情绪时，他们脑岛中的镜像神经元会活跃起来。这个时候，观察者与被观察者经历了同样的神经生理反应，从而启动了一种直接的体验式理解方式。如果了解到这样的大脑结构和生理反应，那么开篇提到的女生或许也就不会觉得那么委屈了。在过去，无论是女生表现出本就应该多做一些家务的认知信号，还是每一次做家务总是流露出抱怨男生的消极情绪，都会让男生的行为不断得到强化。如果我们从反方向思考，积极的情绪表达会让对方的镜像神经元产生哪些反应？

科学家认为：人是唯一能接受暗示的动物。

积极的暗示，会对人的情绪和生理状态产生良好的影响。人类天生的学习能力会在积极的暗示下朝向好的方向去学习，激发各种内在潜能。人与人之间的关系也会在自我展现的榜样的力量下变得融洽和谐。

"相敬如宾""书香门第""艺术世家""名师出高徒"，这些词汇传递的都是一种积极向好的榜样力量在人的镜像神经元中进行了积极反应，从而影响了人的行为和成就的现实存在。

不管是人的大脑结构还是人的心理都是错综复杂的。我们原本认为丈夫的懒惰和孩子的叛逆都是他们的问题，但在这种种情感和情绪的背后，却终究是一种自我的心灵困境。如果我们能意识到"观别人、照自己",所有的呈现需要我们对自己进行深入的觉察,并最终跟自己和解,跟关系和解,我们就可以走出这些心灵的困境了。

这个世界没有别人,都是我自己。

不要成为生活中的"鸵鸟"

问： 在面对问题时，总是犹豫不决，首先想到的是"万一失败了怎么办"，因此，总是想着逃避。我知道这样做不对，但逃避会给我带来短暂的轻松，然而，这之后又会使我更加焦虑。

生活真的不易！所以我们每个人似乎都在不知不觉中习得了一种回避的技能，即现实中人们与社会或他人产生矛盾且无法解决的时候，产生逃避意识的心理，在心理学中我们称它为"鸵鸟效应"。

其实"鸵鸟效应"是人们启动自我防御机制的一种表现。人们在面对一个坏消息时，常常跳出来的第一反应是："不可能，你是骗我的！"因为人的大脑机制总是趋向做出保护个体的反应，而这种自我欺骗的状态就是大脑保护我们的一种方式。大脑的这种防御机制对我们的心理有一定程度的保护作用，但这只是一种暂时的安宁，它虽然能够为自己的无力感寻找一段缓冲的时间，但最终如果我们不能接受或解决问题，那么这些"坏消息"事件很可能形成一种情结存在于我们的潜意识中，它会时不时因为一些生活场景或事件的刺激而发作，从而影响我们的正常生活。

上面所提到的"坏消息"其实不单单指客观发生在我们身上的事件，也指我们内心无法面对的困难和挑战，或是人际关系中的冲突等。但无论是什么，自我希望感都是我们应该着重去培养的心理资源。

希望感是一种信念——相信未来会比现在更好，同时相信自己有能力去实现它。希望感能给我们的身心带来各种各样的正面影响，那些充满希望感的人会更喜欢运动，睡眠质量更好，吃的食物会更健康，更少患高血压、糖尿病、心脏病。甚至希望感强的癌症患者更容易康复，希望感强的考生取得的成绩更理想，希望感强的情侣对生活的满意度会更高、更觉得幸福。

"我感觉没有希望。"——这是许多有抑郁情绪的人会说到的话。其实不只是有抑郁情绪的人,每一个人都会有失去希望感的时候。这样看起来失望感会常常光临,而希望感则是生活的必需,那么如何将失望感转化成为希望感呢?

当人们着眼于障碍时,就会开始丧失希望感。通俗来讲就是:"你看,我早就说过我不可能学好数学的。""我都猜到了,他们一定在怪罪我,因为我的失误而输掉了这场比赛,他们再也不会理我了。"而实际上这些不过是我们的主观猜测及错误认知。这个时候失望感就会整个将你包围起来。

因此,不要过早地下定论是很重要的,尝试到外界检验自己的认知,很有可能会从他人那里得到积极的回应,发现这一切根本不是那么回事。这样的训练可以帮助你慢慢摆脱"鸵鸟效应"的控制,唤醒内在的希望感和成长的欲望,你会感觉对待事物更有解决的欲望和挑战的勇气。

"拙匠才言工具差",
面对困难,不要逃避!

问： 这件事我想得很好了，别人的一席话却让我对自己的想法产生了怀疑，这是不自信还是我真的想错了？

不要因为别人的话而困惑

其实我想说，因为别人的语言和看法而感到困惑是一件极其正常的事情。因为人本来就是群居动物，所以人都会有追求社会认同的心理，甘愿放弃个性，遵循共性，这是我们天生不能忍受孤独的属性所决定的。既然这是一种正常的现象，我们不能脱离群体，我们为什么还要说不要因为别人的话而困惑呢？

人们会因为他人的话语或集体的环境改变而产生困惑，甚至改变自己的想法，其实有两种情况。

一种是某些不可抗力因素使得人们不得不同社会人群保持一致，做出改变。这样的情况下，其实我们不会产生任何困惑。比如，有突发状况时，我们就要做出一定改变，以配合各种要求，或是另一个人的观点及看法与你的"核心信念"发生了冲突。只有在这种情况下，你才可能产生困惑。

每个人的"核心信念"，是指从儿童时期起，诸多因素（包括遗传和个人经历）奠定的我们内部的情感倾向，以及对自己、他人和世界的基本信念。比如，地球是圆的而不是平的、地球绕着太阳转等，这些信念是我们对世界的基本理解和认识。"核心

自信点儿，
生活在对你微笑！

信念"影响一个人"三观"的形成,因此,当我们因为别人的话感到困惑时,不仅仅是我们的信念发生了动摇,同时还有可能是"三观"颠覆式改变的契机。而这样的改变可能是正向的,也可能是负向的。

因此,想要不产生困惑的前提是你能够坚定地知道自我的信念是正确且适用于自己的。

但是有的人会说,我就是无法坚定自我信念,怎么办?不必惊慌,坚定且正确的信念是可以通过后天培养习得的。那么如何培养呢?

● 定位。要清楚地明白自己,全方位地了解自己。这样在不同的声音响起时,你会清楚地知道,我不是任何人,那些事情不适用于我这个个体。

● 方向。方向不是目标,坚持正确的前进方向,正确的方向会让自己在生活和工作中都能够有所比较和参照,不至于因为外部环境的影响而偏离太远。

● 意愿。我们是否充分相信自己的信念,并愿意为之付出实际行动。

● 成果。最值得兴奋的是成果,在践行信念的过程中,成果会不断激励自己,让信念更加坚定。

在这样的过程中，我们会越来越深刻地感受到，同样的一件事，不同认知的人会得出不同的结论和感受。我们也就更能欣然接受我们的想法与他人有所不同这一客观事实，困惑自然会离我们远去。

有不同的认知，才有不雷同的人生，你的独一无二是由内而外的。

问： 我的朋友和她男朋友感情很好，已经谈婚论嫁，却在谈彩礼的时候闹出不愉快，最后分手了。彩礼，真的是爱情的验金石吗？

彩礼钱背后的价值

"彩礼"这个词在中国社会可谓敏感话题。因彩礼引发的不欢而散的例子也屡见不鲜。某一年，某银行一幅关于"彩礼贷"的宣传海报曾在网络广泛流传，引发了社会关注和热议。海报上，一对戴着口罩的年轻男女背靠背，眼睛里洋溢着幸福的笑意。他们的头顶上有相当醒目的两行大字："银行彩礼贷""彩礼开销不用愁，'贷'来稳稳的幸福"。

当时，"光明时评"的一篇文章表示：从这张海报中，看不到稳稳的幸福，只看见一桩提前埋雷的婚姻。

中国礼仪的集大成时期在西周,而中式婚姻的礼法也在西周时期得以完善,并流传至今。大致流程多沿用古籍《仪礼》中讲的"六礼",即纳彩、问名、纳吉、纳征、请期、亲迎。其中纳征就相当于我们现在所说的"彩礼"。可以说这个习俗确实是由来已久,然而古之礼法更重要的是凸显尊重、谦卑、祝福、期许。因此,在孩子们构建一个新家庭时,适当的彩礼是一种祝福,是对成家立户的支持,更是一份促进亲密关系的助力。

要知道,婚姻是一种需要用心、用爱经营的关系。过度的彩礼则可能是一种互相攀比,随之带来透支

家底的后果，这时，助力和祝福就变成了破坏关系的一枚定时炸弹，给本来就不稳固的关系雪上加霜。

要知道，过度索要彩礼背后的心理根源是关系的不稳定性。关系的不稳定性主要来自女性及女性家庭成员内心安全感的缺乏，这种缺乏一方面是来自这个即将和你走入婚姻殿堂的男人没有建立好你们的关系；另一方面来自你即将融入的这个家庭，因为婆家对你而言本身就带有未知的恐惧。但不管是哪一方面，有的人想用大额的彩礼来填补内心的不安全感，确认自己在爱人心中的地位，以及日后在婆家的受重视程度。殊不知，这样做往往适得其反，很多情侣因此不欢而散，原本就不那么稳定的关系最后彻底破裂了。

最终，关乎爱情的事都被爱情之外的因素控制了。我们都忘记了最初只是想在一起好好生活，好好经营这段关系，并且在这段岁月中，彼此都能成为更好的自己。

我们不应该憎恨彩礼的习俗，毕竟它的缘起是祝福和期许。但如果能从当今彩礼现象的背后看到，无论是男人还是女人想要获得真正幸福的婚姻,需要做的都只是用心经营自己、经营关系,那么一切就能获得归位后的宁静。

站在对方的角度想问题,是愉快面对彩礼的正确打开方式。

问：爱情是多巴胺的副产品吗？

超过 90% 的情侣根本没有爱情

这句话听起来会让人觉得很"丧"，我第一眼看见这句话是在网络上，大概的内容是说不要相信世界上有爱情，那些想念、想为对方做一切事情的念头都是骗人的障眼法罢了，当多巴胺的浓度从高峰回落，一切都将被打回原形。

如果只把多巴胺分泌支配下的感受和行动定义为爱情的话，那么这句话的确没错，几乎所有人都会在热恋期过后，多多少少从脑中冒出"这个人原来也不这样啊""他怎么这样对我啊"的想法。其实，

爱情的定义应当是很宽泛的，毕竟仅以此作为判定标准，爱情就成了一种易耗品。如果我们一生中想要爱情保鲜，就要不停地去更换伴侣才行。

柏拉图在《会饮篇》中这样表述爱情："人们对于寻找另一半、恢复完整的希冀和追求就是所谓的爱情。"通俗一点说，亲密关系持续进阶的本质有点像照镜子。如果我们不照镜子，很难看见自己脸上的脏东西或者是衣衫的不得体之处，照镜子却可以一眼就看到。所以我们总是很容易看见别人的缺点或问题，但很难觉察自己的。在热恋期过后我们常常有一种错觉，感觉我眼前的这个人变了，这是因为热恋期的多巴胺就好比戴在你眼睛上的一副五彩眼镜，你怎么看对方都 bling bling 的，摘掉了眼镜再看自然就看见了对方脸上的痦子。

看见痦子到接受痦子的过程被称为两个人的"磨合期"，磨合成功就到了"内省成长期"，这是促使个体在一段关系中有可能获得正向成长的时期。这一过程，我们常常能见到几种情形。第一种是怎么都看不惯脸上的痦子，磨合失败分手的。第二种是接受了痦子，在内省成长期充分获得了个人成长的。第三种是接受了痦子，但总觉得痦子碍眼，每天都盯着对方的脸，试图把对方的痦子抠掉的。第一种和第二种都是一种较为理想的状态，唯独第三种使人陷入了深深的自虐情境中。争吵、冷战、声嘶力竭、避而不见……我想那些 90% 认为彼此之间已经没有爱情的情侣，真的应当看到这样的现状所蕴含的深层意义——我对伴侣的不满实际上是对自我的不满，我期望伴侣改变的地方恰恰是自己需要成长的部分。

在一段感情中，两个人自身获得了正向的成长，才会反哺这段感情并使之持续，而不是依靠单方的热情不减保持爱情的感觉。

超前消费比月光族还可怕

问： 过去我很羡慕那些拿着新款手机、背着名牌包的女孩，直到有一天我接触到网贷，终于可以买下心心念念的名牌包，此后便一发不可收拾。虽然我现在每天背着名牌包，接受别人羡慕的目光，但是却债台高筑，还不完的贷款让我在夜里总是失眠，购物的快乐也变得虚无缥缈。

在全球经济一体化的大趋势下，国人的消费思维越来越倾向于通过借贷等方式来满足当前的消费需求。越来越多的人，尤其是年轻人，从月光族走向了月欠族，人们从房、车这样的刚需产品借贷转向了各种物品的超前消费。

1990年以后出生的人，他们的成长刚好享受到了国家经济崛起的红利，较为富足的物质条件更加抬高了他们的边际消费倾向。加之互联网技术快速发展所带来的层出不穷的信贷及便捷支付产品，迎合了人们猎奇、尝鲜、过瘾的心理，人们似乎慢慢产生一种虚幻心理，觉得自己具备这样的消费能力。这种无节制的生活方式，已然变成了一种惯性的购物行为。

如果说月光族花光所挣的钱有风险，那么月欠族靠借贷提前消费，隐藏的风险就更大。因为除了经济负债之外，他们还会背负心理负债。

其实对物质的渴望和占有是每个人都会有的需求。但有欲望并不可怕，可怕的是丧失了自控力，让自己一味沉沦在欲望的旋涡里。在这个旋涡中，你没办法清晰分辨你真正的需求是什么。也许买回来衣服却发现不喜欢，连标签都没拆就扔在角落了；也许兴冲冲购置了健身装备，因为自己无法坚持而冷落一旁。那些超前消费实则是为你不知道自己想要什么、想做什么、能做什么而买的单。

很多人说不清楚自己为什么会不惜贷款消费，买很多没用的东西回来。其实从心理学及大脑的运行机制来说，购物是一种情绪情感的补偿。如果购物行为给购物者带来非常享受和喜悦的感觉，当购物者下次想要这种感觉时，就会去做同样的事情来取悦自己，他们真正需要的不是购买回来的那些东西，而是需要产生这种购物的愉悦感来填补内心情绪情感的缺失，这些是由脑内奖赏系统回路所控制的。

除了情绪情感的代偿，超前消费还体现了一个人自我评价的失衡状态。扪心自问，超前消费所购买的东西真的是生活的必需品吗？这种超出自我承受范围的消费，真的不会影响自己的生活吗？答案显而易见。如果人们都能客观地进行自我评价，对自身所处的生活现状能有清晰的认知，对未来能有切实可行的计划，那么大概率不会迈入月欠族的行列中，反而大概率会成为一个成功且受人尊敬的人。

自我评价失衡其实是缘于自我认知的不充分或不

正确。我们会发现一个特别有趣的现象：学生时代在班级学习较好的同学，长大后多数成就平平；而很多让老师头疼的"淘小子"，却总是能混得风生水起。这是因为淘小子很早就对自己有充分的认知——"知道自己成绩很一般，在老师和同学的眼里也并不讨人喜欢"。但是正因为他们的关注点不在成绩和取悦家长、老师上，反而比别人更清楚自己的优势和劣势。清晰的自我认知会让他们极致地扬长避短，帮助他们取得成功。而成绩较好的同学则容易将成绩好这件事泛化到其他领域，对于一些自己未尝试过的事情也抱有高水准的期待，反而不能客观评价自己，很难接受失败，他们很难踏出自己的舒适圈。

因此，正确地认识自我真的是一件很重要的事情。认识自我既是接纳自我的前提，又是超越自我的必要条件。

当你开始认识自己，做正确的事，才能更好地把握人生。

大胆对父母的催婚说"NO"

问： 催婚这件事，真是"躲得过初一，躲不过十五"啊！对这个现实问题，有什么一劳永逸的好办法吗？毕竟我也想回家好好和家人过个年。

对父母的催婚说"NO"是让很多年轻朋友非常为难和痛苦的事。一面是自己的需求，一面是父母的需求，这实在难以平衡。其实，如果你能回答三个问题，并看清一种需求，这件事并没有那么让人抓狂。

我是谁？我要做什么？我要去哪里？这三个问题可以解决你要不要说"不"及怎样说"不"的问题。

我是谁？简单的三个字想弄清楚却并不容易，认识自己有的时候是需要近乎一生去探索的课题。

如果从个体来讲，那就是你的外貌肤色、脾气秉性、兴趣爱好、对事物的看法、做事底线……如果从与世界的互动来讲，那就是我了解什么使我开心，什么使我沮丧，什么使我更有勇气……当你可以清晰地为自己画像后，你就会有一种自我肯定：肯定自己是这个世界上独一无二的人。这句话不是"鸡汤"，它是在你充分了解自我后所给出的正确且客观的评估。这个问题的意义在于它能够让你肯定自我的价值。

我要做什么？基于正确的自我认知后，我们的价值感会促使我们去寻找使命。这个使命不是一个固定的答案，它有点像等待我们去发掘的宝藏，我

"有男朋友了吗？"

们凭借对自身的认识，选择在天赋点及兴趣点上不断学习，掌握各种开发宝藏的技能。随着你认知的不断调整及认知范围的扩大，你会越来越清楚地知道你要做什么，喜欢做什么，做什么让你感到有成就和有意义。做这些事情的成就也会反过来更坚定你要做的事情，这个宝藏会像开盲盒一样，源源不断地开出惊喜，你的生命开始有了幸福、快乐，以及成就意义的滋养。

我要去哪里？除了所有的人都有一个相同的方向——走向死亡之外，每一个人还都拥有一个自己的人生目标。这个人生目标是基于前两个问题得来的：我了解我的优势及特点，在我喜欢且擅长的事情上想要实现一个怎样的目标？这个目标的坚定不移来自对自己无条件的相信，来自坚持终身学习成长的信念，来自日复一日自律地执行，来自复盘总结后的调整，来自每一次更接近目标的突破。

回答好这三个问题，你就明白了自己所有的需求，更重要的是你不会再纠结不前，你自信而坚定，你会清晰地看到，尽管父母在催婚，而我们不想被催婚，这好似是一对矛盾，但双方的需求其实是一致的。父母催婚背后的真正需求，不过是希望你过得幸福、快乐、老有所依。而我们追求自己的人生目标就是在努力地幸福、快乐，并使自己老有所依。这就是我们能够大胆说"不"的底气所在。

这份底气不是让我们跟父母大吼大叫地对抗，而是一种温柔而坚定的呈现："爸爸妈妈，你们的期望我看到了，我感激并爱你们，我用我的方式和节奏一直在努力地奔向我的幸福，请你们耐心地等待，爱情终会到来！"

只要在追求幸福的路上，幸福它迟早会来。

当你又忙又美，何惧患得患失

问： 总是担心男朋友出轨、喜欢别人，在意男朋友的一言一行，想要改变但是却控制不了，每天都很焦虑。这样下去该怎么办？

人们常开玩笑地说，恋爱中的女人智商为零。多年来，总是会有一些在亲密关系中无法获得安全感的女孩子来到我的咨询室，她们常会问我："为什么他不愿意结婚？""为什么他总是不回我的微信？""为什么他一打起游戏就当我不存在一样？"

这些女孩子在一段又一段的恋情中，通过一个表情、一句话、一些行为，甚至是一个语气来判断对方是不是爱她，甜蜜的恋爱变成了猜来猜去的游戏。我总是告诉她们，先去男朋友的办公地点看看，

再出去旅行一趟,你就什么都想明白了。

去男朋友工作的地方做什么,当然不是要"一哭二闹三上吊"了。其实很多女孩子出现以上的焦虑心态,除了男女的心理结构不同,还有一部分原因是他们之间的信息交流不对等,请问女生:对方的工作性质和状态是否能第一时间回复你,他工作的收入够不够和你组建一个新家庭,他近期的工作强度是不是已经让他喘不过气来……男人与生俱来的特质不愿意将压力和不佳的一面展现出来,而这也许正是需要你体谅他的地方。所以到他工作的环境看一看,总比你自己胡思乱想要来得更靠谱。

那为什么又会告诉她们去旅行?是希望她们能第一时间将更多的注意力转移到祖国的大好河山中。其实,生活中除了这一隅的这一段感情,还有很多美好等待我们去发现、去感受。大概是由于女性总是会背负从传统社会沿袭下来的价值观,她们很难从对情感和爱人的依赖中抽离。当今的女性尽管早已获得高度的自由,但仍然很难将关注自我需求和自我成长放在生活的首位。

其实将什么放于生活的首位,多半由人的思维模式决定的,而思维模式常常受认知体系影响。旅行则是拓宽女孩们视野的绝佳机会。在旅程中,也许从前固有的认知就被打破重组成为新的思维模式。而新的思维模式常常会让我们发出一句这样的感叹:"原来还可以这样啊!"当你大声喊出这句话的时候,就代表你找到了全新的且更关注自我的那个自己。

这个自己更真实,更踏实,更务实。更真实是终于放下男人会时时刻刻以自己为中心的幻想；更踏实是从感受内心转向关注自我后不需要再饱受猜谜的慌张感；更务实则是更了解自己、了解生活，投身到轰轰烈烈的让自己感受到价值的事业中。我总是为那些寻找到自我成长之门的女性感到开心，因为她们会在忙碌与美丽中绽放女性的魅力，不再饱受亲密关系的困扰，四射的魅力反而让她们成为爱人眼中的珍宝。

> 我们曾如此期盼外界的认可，到最后才知道，世界是自己的，与他人毫无关系。
>
> ——杨绛

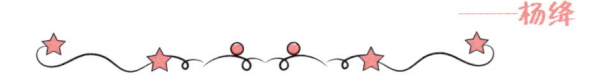

等待和拖延只会夺走你的动力

问： 道理我都懂，但我就是不想马上行动起来，拖延症真的会让人懒怠啊！

现在回忆一下你的学生时代，有没有出现过这样的画面——开学前的最后一天，你因假期作业熬夜到很晚，有一些本来可以解答得非常巧妙的题目，也因为来不及思考只能草草涂写，一边和打架的眼皮"斗争"，一边在心里暗下决心，下一个假期一定不再拖到最后一刻。

当下一个假期来临时，你还是会感觉假期很长，有很多个明天，不知不觉最后的时刻又来了。在最后那一刻，你合上最后一份作业，又一次长舒一口气，庆幸按时完成了任务。

但除了完成任务，你又获得了什么，失去了什么？

你获得了习惯性拖延的行为模式，同时失去了培养坚毅品质和体验福流的机会！

任何成就的实现都离不开行动。

事实证明，对长期目标抱有高涨热情并能坚持不懈的人更容易成功，这种品质称为"坚毅"。其背后贯穿的线索是成长型思维，不断深入发展的脑神经科学研究表明，通过科学的努力方式，在认知和行为的双重层面上改变自身，人将不断成长，变得越来越好。

达成目标的内在驱动力就是在做事的时候产生的巅峰体验，我们称之为"福流"。

"福流"是一种怎样的体验呢？

"福流"体验中非常重要的一点就是投入到整个过程中，享受过程我们在体验到任务本身的乐趣后，便会激发出自身求知和探索的内部动机了。

"福流"是一种沉浸其中、物我两忘、酣畅淋

漓的体验，是在一项活动中精神高度集中或者全身心投入的状态，它将大大提高我们做事的效率，并且个人技能水平此刻发挥到了极致，你会主动投入更多时间去学习、运动、与他人交流结成伙伴。这一切都将激发如愉悦、满足这样的积极情绪，从而提高我们的幸福感。加之沉浸于任务的整个过程中精神高度集中，我们更容易突破自我，获得新的认知和技能，甚至找到真正属于自己的人生意义。

　　因此，拖延和等待所带来任务未完成或低质量完成的后果仅仅是所有消极影响中最微不足道的。

事实上，一次又一次的拖延正在不停削弱你的自控力和去实现自我的动力。

当你拥有内在驱动力，培养出自我内在动机，经常能在"福流"之中找到真正想做的且有意义的事，拖延也将不复存在。

> 明日复明日，明日何其多。
> 我生待明日，万事成蹉跎。
>
> ——《明日歌》

高敏感是你的优势

问： 想太多、玻璃心、小心眼儿、太脆弱……高敏感人群真的有一个脆弱而敏感的灵魂吗？

高敏感人群通常被贴上敏感、焦虑、患得患失、缺乏安全感的标签。他们更容易受到环境与他人的影响，努力地想要活成别人眼中期待的样子。

而事实上，高敏感是一种比较稳定和持久的人格特征。他们所具有的高度同理心与准确的直觉，是一种心灵智力，即灵商SQ（灵感智商、心灵智力），它是对事物本质的灵感、顿悟能力和直觉思维能力，它是三商（智商、情商、灵商）的基础，与人类对意义的寻求需要相关联。

在我们身边，每五个人中就有一个人拥有高敏感人格。如果你有一个高敏感人格的家人或朋友，那么首先要恭喜你，你用心感受会发觉他们常常是体贴入微和善解人意的。他们对场域有着积极的自发适应性，强大的感受力可以瞬间捕捉到他人的情

接受真正的自己

绪情感变化和需求，并总是第一时间帮助求助者，他们愿意付出自己的力量，且不辞辛苦、任劳任怨。但这种强大的感受力在他们感受到朋友或者家人没能理解自己或无法与自己同频时，又会产生强烈的伤害感，这种伤害感外在表现常常不被亲人、朋友或同事所理解，有时还会被贴上开篇提到的"太脆弱、想太多、小心眼儿"的标签，甚至对人际关系产生影响。

在我们的心理咨询师队伍中就有这样一个成员。咨询师Lisa可以说是"高敏感人群优势转化"的最好例证了。在自己的高敏感人格作用下，她在过往的生活中，频繁和家人、同事产生冲突，一度自我怀疑，产生自卑情绪，甚至觉得自己存在一定的心理疾病。也由此为契机，她接触了积极心理学和沙盘游戏技术。记得在最初的课堂上，当她诉说起种种过往时眼泪总是在眼眶打转，她认为正是自己想太多的性格导致了人际关系恶化。我说："你知道吗？你正在因自己的天赋而受尽折磨。"我向她介绍了积极心理学里一个非常重要的概念，叫作"解释风格"——

人们如何解释他们生活中的事件，决定了体验是倾向乐观还是悲观。

就像每个人都拥有自己与生俱来的天赋一般，高敏感人群应该了解并懂得如何将自己的高敏感天赋投入到相应的智慧上来。当Lisa得知临终关怀服务、心理咨询、教育工作、社会工作等需要一对一感知对方的工作，恰恰是高敏感人群从事的更多，作家、画家、音乐家等从事创造性工作的人也大都是高敏感人群时，我看见她的眼中闪过一丝喜悦。

当然，正如你所想的，Lisa现在已经是非常优秀的心理咨询师了，并且帮助了非常多跟她有着同样经历的来访者走出内心的痛苦与挣扎。

作为高敏感一族，我想你真的应该知道你是多么优秀。要知道欧洲文艺复兴三杰之一的达·芬奇就是高敏感人群的代表人物，他思想深邃，学识渊博，在绘画、雕刻、发明、建筑、数学、生物、物理、天文、地质等多学科均有所建树。他将高敏感人格的优势发挥得淋漓尽致：

- 积极和自发的适应性；
- 善于巧妙应对事情的能力；
- 直面困难和痛苦，并能转化困难和征服痛苦的能力；
- 拥有天生的希望感和价值感；
- 远离、化解伤害的能力；
- 具有发现不同事物之间联系并形成一体的能力；
- 愿意探究事物的本质；
- 极高的艺术创造力；
- 坚韧不拔、吃苦耐劳。

……

高敏感人群的乐于付出,从质量与能量转换的角度来讲,恰恰是一种能量的积蓄。因此,高敏感人群更具有战胜苦难的潜力和能量,高度的自我意识将是高敏感人群不停成长的动力。

真的不必活成别人期待的样子,慢慢地回到自己的轨道上来。

孤独的人不一定要寻找同类

问： 熙熙攘攘的生活里,爱我的人和我爱的人都在我身边,我却时不时生出孤独感,是我的问题吗?

说到孤独这个词,人们经常会将其与寂寞放在一起。但是仔细想来,二者其实还是很不相同的。周国平说过:"孤独、寂寞和无聊是三种不同的境界,分别属于精神、感情和事务的层面。"

人们一旦将这二者的概念混淆,就有可能陷入向外探求借以缓解孤独的执着中。但是要知道与三五知己畅谈可以消解寂寞,却很难排遣孤独。孤独的人不一定需要寻找同类,反而应该进行精神内省,觉察内在正在发生什么样的变化,或产生了什么样的需求。

曾经有一位朋友立志要在十年之内赚到一大笔钱，但当他在三年就实现这个目标时，他却远没有当初想象的自己得到这一大笔钱时那般快乐，而是变得不知所措。在接下来很长一段时间内，他不再热衷社交、活动，变得对什么都没兴趣，那个时候他也只有三十几岁而已。他找到了我，问我他是不是病了。我说："不要急于判断你是不是病了，就像当初急于赚到这笔钱一样。你更应该做的是在这种没意思的孤独感中真正地沉静下来，站在一个旁观者的角度，问问自己到底想干什么。"后来他又去做了金融投行，也是在很短时间就做得风生水起，但是他依然不快乐且孤独。最后他投入到了一份为别人提供服务的事业中，他终于变得快乐，因为他觉得自己所做的事情有意义，能够给别人带来帮助，而这正是他对人生的一种向往和追求，他顺着孤独和不快乐这条线索，最终找到了自己想要的答案。

其实孤独是一种与众不同的修行过程，这个过程我们需要足够平静地进行自我觉察和反思，而觉察和反思的过程其实就是将自我悬浮起来，我们将

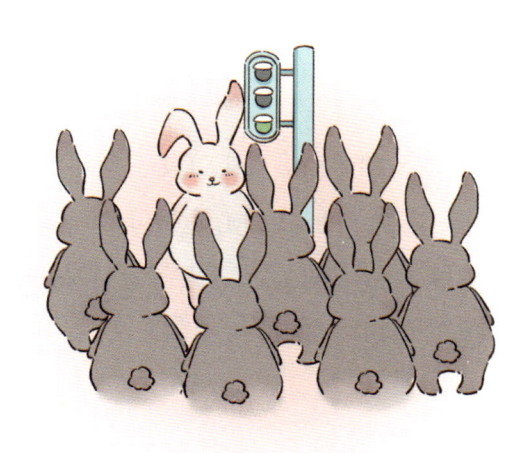

对自我及万事万物有一个更清晰的认知和判断,据此做出正确的选择,这是智慧的表现,更是维度得以提升的过程。

  如果从心理学的角度来说,抑郁情绪所带来的孤独感其实也有类似的作用。人们更多是看到抑郁情绪所带来的负面影响,而忽略了抑郁情绪的价值。当我们跨过抑郁这漫长的黑暗后会呈现爆发式的成长,因为抑郁除了本身带给我们的那些痛苦感受，还提醒我们去寻找自己真正想成为的样子。所以这一份孤独不是外求，不是寻找一个同类来予以排遣，而是内求，是看见自我的一种精神内省。

"古今之成大事业、大学问者，必经过三种之境界：'昨夜西风凋碧树。独上高楼，望尽天涯路。'此第一境也。"只有那些内心世界丰富，且对精神与灵魂有着执着追求的人，对人间充满挚爱的人，才能体验这种与众不同的孤独。

狂欢是一群人的寂寞，孤独是一个人的狂欢。

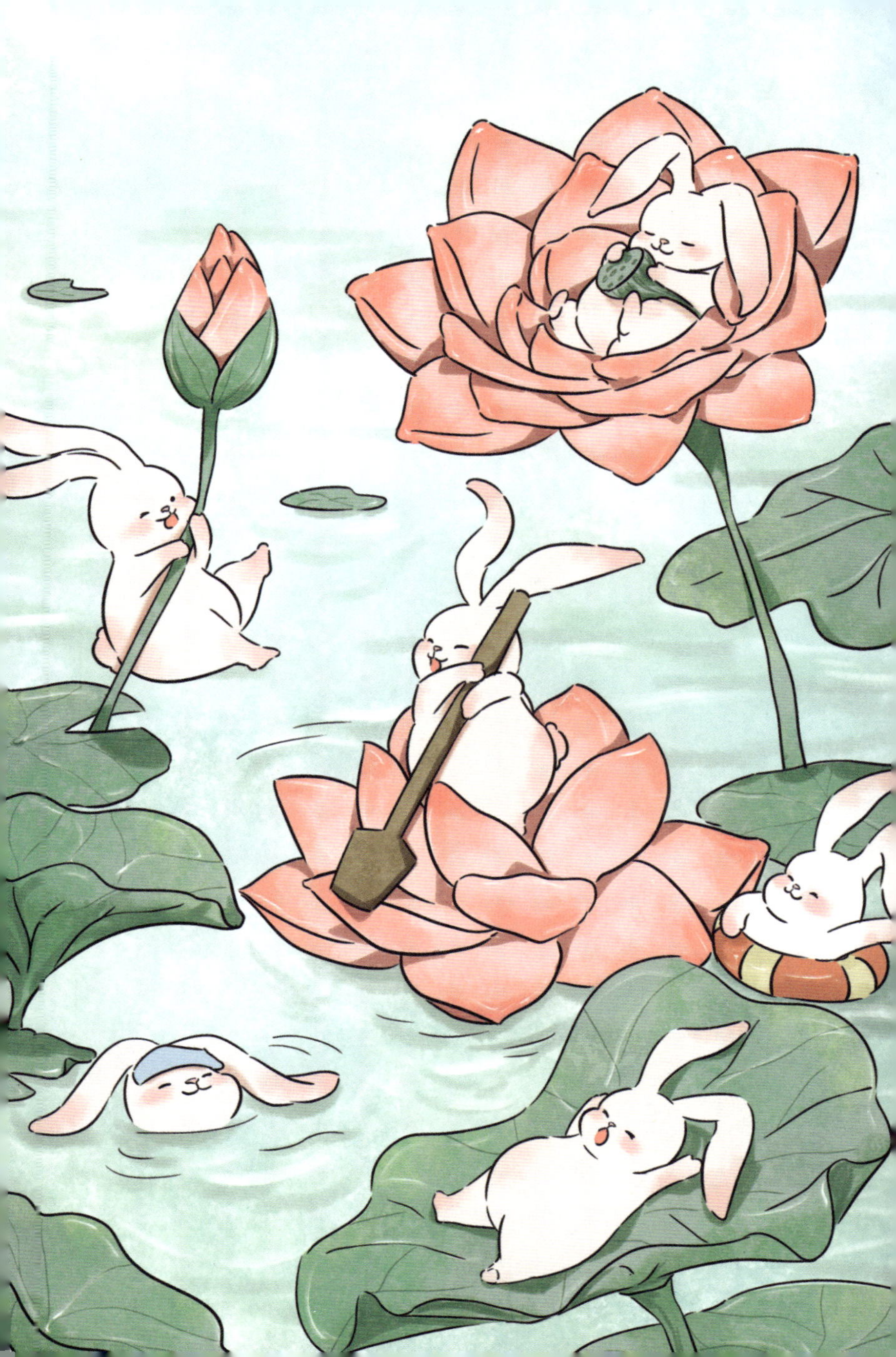

在这个夏天，遇见更好的自己

问： 刚开始谈恋爱时，总是很甜蜜，生活充满希望，但随着时间的流逝，好像变得越来越迷惘，两个人在一起的意义到底是什么？

两个人在一起的意义是彼此鼓励和支持

在一段感情中，开始的你们总是没日没夜地聊天，明明翻来覆去就那么点事儿，但却能聊上好久，这个时候好像一切都是和谐美好的。慢慢地，你会因为他今天玩游戏没理你而闹脾气，终于他想尽办法把你哄好了，过两天你又因为他在忙自己的事而抱怨"总是不理你"。最后往往变成你满心欢喜地分享，得到的却是敷衍的回复。你期待着纪念日的礼物，但他忙到忘记今天是你们的恋爱周年纪念日。你的世界里都是他，但他好像还有更多的事情要做。

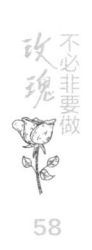

你开始用争吵来掩饰你在情感上的不安，在经历了太多次争吵后，彼此觉得很累。你时常陷在自我纠结、犹豫、自责、患得患失等情绪中，你想改善这段关系，但却无能为力。或许你们之间的感情是真的，但累也是真的。

好的感情，应该让你成为更好的自己，而不是成为感情内耗的牺牲品。

在亲密关系中，确定关系或是走进婚姻的殿堂不代表一段感情的尘埃落定，反而是感情需要用心经营的开始。如果把它比喻成一个关系银行，那么在人与人之间的情感账户中，每一个人都要学会有存有取。每一次让对方感到被重视、被爱的行为或话语都是在账户中增加了一笔存款，而每一次冷暴力或是伤害的行为则是取出了一笔存款。每一个账户的存款都不可能是取之不尽、用之不竭的，如果消耗太多而存储太少，则一定会亏空破产。

学会经营这个情感账户，需要调整亲密关系中的认知，让双方从依赖依靠到彼此支持与鼓励，这是十分必要的。但难就难在谁都更愿意围绕自己的需求来展开亲密关系，我们不愿意费尽心思去共情另一半的情绪，感受对方的需求。迈出那一步总觉得亏得慌，总想说一句："凭什么！"

现在如果我们调整一种视角：成为对方最需要的人，也就成就了最美好的自己。对别人的支持与鼓励就是变相地给自己助力，这样一想，会不会觉得做点什么也并不亏？

我们都说一段好的亲密关系，一定是两个人都成为更好的自己。更好的自己说明两个人在这一段关系中都获得了成长。人们怎样能获得成长？一定是对自己有待进步的地方进行了逐一改善，尽可能

地发挥自身的优势潜能。互相支持和鼓励的做法恰好是一个互帮互助的过程，在这个过程中不仅双方都获得了心理上的情感支持，彼此的关系更亲密了，更重要的是每个人的动力被激发到了满格状态，人们更容易获得事业及社会交往上的成功，这就更确认了这段关系的正向意义，从而再促进关系更加融洽紧密，这是一种支持鼓励——甜蜜融洽的幸福循环圈。

一段健康持久的亲密关系，会在你的生活中形成一种幸福的磁场，成为你精彩人生的强大动力。

趁着爱人还在的时候，好好爱一场吧！

问： 我的室友家境优渥，使她可以做很多我做不到的事，她的生活看起来也比我丰富许多。生活的精彩，真是建立在财富的基础上吗？

即使没有优越的条件也可以活出精彩的自己

当下，人们对于成功的标准似乎已经越来越模式化：有钱、有房、有车，实现财富自由。我接触的一些年轻人，很多人的梦想是成为富二代，因为这样就可以不用奋斗、直接躺赢。

我能感受到当在今社会的快速发展和极大压力下，越来越多的年轻人觉得拥有财富就是拥有了一切幸福的生活。研究表明，抑郁症并不是富贵病，但发达国家的确患病率更高。可见，财富不是幸福的唯一标准。

我的人生也很精彩

　　马斯洛的需求层次论将人的需求从低到高分为五个层次,即生理需求、安全需求、情感和归属需求、尊重需求、自我实现需求。其中生理需求、安全上的需求和情感归属需求,这些只需要通过外部条件就可以满足。而尊重需求和自我实现需求是人的高级需求,它们是通过内部因素才能满足的。

也就是说，当人对于食物、安全、生理等基本需求满足后，要想得到更持久的幸福，一定需要转向对自我实现的需求。这也就能解释很多有钱人，在他们的生活、情感、安全等需求得到极大的满足后，却仍然可能罹患抑郁症的原因。

激发自我实现的需求是活出精彩人生的关键，而这种激发的前提不一定是优越的物质条件。只要每一层级的基本需求相对满足，并进入一个普世化的"收入拐点"，其实人们就已经获得了追求精彩人生的基本条件。

这里所说的"精彩人生"是一种完全个性化的人生路径，也就是说每一个人的精彩人生都将是完全不同的。一个人把大环境下那些趋同的标准化人生作为自己的人生目标时，在真正实现的那一天，会有一部分人发现这并不是自己想要的人生。

所以，当每个人在一些基本的需求得以满足后，都必然会走向实现尊重的需求、认知的需求，最终到达最高的实现自我需求，即找到并实现只属于你自己的精彩人生。

现在你可以认真地评估一下自己，看看是否已经具备追求精彩人生的基本条件。

自我实现，是个体身心潜能得到充分发挥的境界。

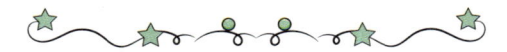

问： 明明已经很努力地减肥了，为什么就是瘦不下来？这种失败感挥之不去，特别想哭……

减肥没那么容易，每一块肉都有它的脾气

说起减肥这个话题，相信产生共鸣的人会有很多。每次低头看自己肚子上的肉，都会下定决心要动起来，减掉它们。然而常常事与愿违，无论是调整饮食，还是坚持运动，都会让一部分人败下阵来。

为什么自己很难执行减肥计划？其实这和人的环境控制感有很大关系。人之所以会变胖，无论是运动少还是吃得多，其实都是一种无节制的生活习惯所致。大多数情况下都是怎么舒服怎么来，而人在这样的状态下，环境控制感是很弱的，而环境控

制及通过环境控制获得期望的结果（比如成功减重）是幸福感的重要组成部分。所以，很多时候减肥是会让人陷入绝望的，因为一旦你没办法按照目标计划顺利进行，这种环境控制感就会变得更弱，再次开启计划的动力也会变得严重不足，进而控制感更弱，从而陷入一种无望的恶性循环。

除了以上的情况，工作和生活中无法排遣的压力也会导致人们陷入肥胖而不能自控的境地。当人们面对无法排遣的焦虑和压力时，同样会感受到类似不能坚持运动计划的无力感，而吃东西则成了一个最容易实现的选择，获取想吃的食物会比完成一项艰巨的工作任务要容易得多，人们会在这里享受获得美食所带来的短暂的环境控制感，这让人们感到暂时的安心。

尽管人们完全可以预见到过量进食所带来的肥胖及健康方面的问题，但面临工作、生活压力的更不可控感，他们无法确定自己是否能顺利挑战成功，能否面对挑战后可能到来的失败。因此，很多人宁愿选择逃避，甚至不停用进食麻痹自己。

减肥没那么容易
每一块肉都有它的脾气

    其实，大多数存在肥胖问题的人，都掉进了"环境控制"的陷阱。前段时间，一位明星健身教练的健身操掀起了一股减肥热潮，平日里，那些没办法坚持的运动，似乎在这位教练的带动下变得可以实现了。作为专业的健身教练，他很清楚大家在运动时会遇到的困难和容易打退堂鼓的地方，准确地抓住了关键点，成功让每一位跳减肥操的女孩儿（当然也有男孩儿）都体验到了拥有私人教练专门指导的待遇，并用喊口号和不断鼓励的方式不停带动大家。这就是"环境控制"的效果。

    因此，当你努力减肥还是没有达到预期效果时，不妨停下来，仔细审视一下你的减肥过程，重新制订一个减肥计划，并按照计划进行。好的结果会带来环境控制感及生活幸福感的增加，也能激发向前的无限动力，让你成为自己的"教练"。

坚持下去，你想要的都会来！

接受不完美，你会越来越好

问： 我知道这个世界不完美，可是在我重视的人、重视的事面前，我总想变得完美，仿佛只有最好的我才能拥有最好的一切。

不知道大家有没有这样一种体验，由恋爱进入婚姻生活后，你对身边那个他的看法总会有些变化。我们总是会说这个人太会"装"了，婚后那些缺点都暴露出来了。事实上，这些缺点在恋爱时就存在，只是我们当时只关注到了优点，我们的头脑中没有树立起这样的一种认知：一个人一定是既有优点也有缺点的，完美是不存在的。这种认知会让我们在恋爱中就能开启觉察，从一些细微的行为言语中客观感受对方的优缺点，我们常常叫这类人为"人间清醒"。

听说过"铜牌效应"这个词吗?大概意思就是得铜牌的人总是比得银牌的人要更开心。运动员夺得奖牌时的心情受他如何看待这一名次影响,在得知"我得了第×名"之后,一种想法会开始在运动员脑海中浮现:"如果我……那就……了!"所以铜牌得主的脑海通常浮现:"如果我再慢一点,那就得不了奖牌了。"而银牌得主的脑海则通常浮现:"如果我能再快一点,那就得金牌了。"

这种形式的想法，在人们的日常生活中也十分常见。比如：如果我再仔细一点，就能排进前三名了；如果我来得早一点，那就能坐得更靠前了。所以你看，作为一个完美主义者通常不会太快乐，因为你总是不满足，而固执地追求当时当刻甚至永远也无法达到的目标是最痛苦的体验。

我们很多痛苦的来源及前进的阻碍都来自内心对完美的执着。这好比将一个并不存在的地点作为目的地，无论怎么坚持终究不能抵达，内心的痛苦可想而知。

这种痛苦会产生极大的心理内耗。我们都知道做好一件事除了必备的身体条件和业务技能外，心理资本也是非常重要的。因为一个人心理资本的多少决定他持续的动力，而人一旦动力不足，再好的招式也没办法使出来。如果我们做一个"心理动作"，接纳不完美，让内耗变成动力，我们真的会变得越来越好。

在个人成长的层面，不完美的意义正是促使我们反思的切入口，我们将此刻的思考作为获取不同层面、不同角度自我成长的起点。对于一个项目里面的bug、一次考试的失利、一场活动的瑕疵，不接受的状态带给人们的大抵是懊恼，接受的状态则是复盘总结、下次避免。因此，接受才是改变的开始，也是激发内在能量不断升级的起点。

认可当下已经够好是一种乐观的体验，感觉已经够好比追求更好能获得更多的幸福感。其实，这就是积极心理学所倡导的感恩能够带来积极情绪。永远看到事物好的一面，并心怀感恩，人生真的会越来越美好！

让自己幸福的感受就是完美。

经常加班的不一定是好员工

问： 我在工作时间内能完成上司安排的任务，不需要加班，可是周围的人下班后还要在单位待一阵子，明明没有什么要忙的，只是按时打卡下班好像不努力似的。

"经常加班不一定是好员工。"这句话中有两个主人公，一个是老板，一个是员工。老板总是希望员工在自己的企业中是兢兢业业、奋进拼搏的，员工也希望自己是成绩斐然、蒸蒸日上的呀。那这句话岂不是会让老板和员工都闷闷不乐！

其实，这里的"好"字，不能讲作好与坏，而是指"适合"。我们知道，企业都会有自己的企业文化，那企业文化是什么？

企业文化的本质，就是企业在达成其使命的过程中，表现出来的组织成员行动和价值观的趋同性。这里的使命可以是最大化营利、老板愿景、改造某个行业、改变世界等。好的企业文化能帮助企业高效地达成目标，而不同企业的成立背景，以及产品和服务定位，包括老板的个人情志，都使得企业文化不尽相同。比如，腾讯与阿里巴巴在很多领域存在竞争，但是这两家公司的招募标准却并不一致，企业文化更是大为不同。考虑到这两家公司老板的个人特质，这些差异就变得较能解释了。还有传统制造业和互联网公司也是截然不同的，传统制造业倡导辛勤工作的文化；而互联网公司则鼓励员工天马行空地思考，并将这些思考转化为工作中具体的行动和最终的产出。

一家公司需要什么样的人，招募什么样的人，很大程度上决定了企业文化的最终走向。但无论企业文化是什么，企业文化应当与企业员工是适配的，这种适配会带来契合的愉悦感，契合使行动与价值观迅速高度趋同，高效的工作成果便会随之产生，企业使命也将提速达成。

对于员工个人而言，也会考量自己的价值取向及事业发展需求，员工在选择未来事业之前对企业文化进行深度地了解，并将自己的优势品格充分考虑进去是十分必要的。这种双向奔赴势必促使二者实现双赢。

现在再来看"经常加班不一定是好员工"这句话。我们不能排除这里有工作低效或者表演式加班的员工存在，但也要知道这两种现象归根结底还是员工与企业无法达成行动与价值观高度趋同的结果，他们可能提不起工作兴致，也可能是自身的优势品

格并不适合公司的业务,所以我真的建议每一个人都应该通过优势品格与美德测试了解自己,而且各个企业也应该将这个测试纳入招聘环节。

积极心理学倡导的是让最适合的人做最适合的事。这将激发一个人最大的潜能,也终将创造一份最了不起的事业。

成大事者,都只是在能力圈内做了最擅长的事而已!

真心至上 "恋爱脑"不等于

问："恋爱脑"这个词好像不是褒义词呢！什么行为是"恋爱脑"？正确的恋爱思维又是怎样的呢？

在写这篇文章的时候，我们还特意去问了问我们的儿子——小顾老师，到底什么是"恋爱脑"。作为加在一起年纪超过100岁的我们，的确对"恋爱脑"这一类的词感到生疏。

小顾老师说："'恋爱脑'就是一种完全没有自我的状态，他们会在谈恋爱的过程中，把自己的一切投入进去，每天想的都是对方。"

这听起来是很爱对方的表现。但这种过度投入反而是摧毁关系的助推器。为什么这么说呢？其实，不管是"恋爱脑"还是真心至上，都需要付出很多精力、花费很多心思，但结果却是不尽相同的。因为究其本质，恋爱脑的核心是保持爱情的美好，而真心至上的核心是感受对方的需求。

常听说一个女孩子在一段感情里时刻受到对方情绪的牵动，时刻以对方的需求为行动标准，完全忽略自我的需求和感受；也常听说一个男孩子明明知道女孩子不喜欢自己还甘愿委屈自我，甘当"备胎"。在这样的关系中，极其容易造成一种失衡的状态，一味迁就的一方失去了底线，让自己陷入一种完全没有自我的状态；而另一方会因为感受压力而心生厌烦。这种压力来自哪里？其实是失去自我的一方，以这样一种一味迁就的姿态要求对方保持恋爱的感觉，而始终沉浸在爱情的感觉里只是"恋爱脑"们的自我需求。在这种双方的理智与情感都失衡的状态下，关系是非常脆弱的。

而真心至上则需要去理智地感受自我的需求和对方的需求，并用一种智慧的方式做好平衡。这不但不会失去自我，更不会给对方造成压迫感，还会

让两个人都觉得非常舒服。这种舒服正是恋爱关系得以长久下去的关键，我们可能会因为美貌、才华、幽默等特质对一个人心生喜爱，但两个人牵手走得更远，则一定是在一段关系中双方都感觉到很舒服。

其实这道理很简单，感受自我会让一个人关照到自己的需求，自己的需求被满足了一定会产生幸福和安稳感，这是爱自己的表现。一个懂得好好爱自己的人，也会知道如何好好去爱别人，TA所给到的一定是对方的需求之处。试想一个人的需求被另一个人满足了，也一定会产生对方很懂我且体贴我的感受，这种感受也将产生幸福和安稳感。双方都觉得幸福和安稳，那拥有一段稳固且幸福的恋爱关系不就是水到渠成的事情吗？

恋爱是甜蜜的抉择，但这份甜蜜应该是一种平等的感情，包含互相尊重与关怀。我们都应该从一段感情中汲取到正能量，使自己总是在成为更好的自己的路上。慢慢地你就能体会到爱情是生活中锦上添花的事情，而不是必须和全部，你会懂得留白的美感，给伴侣留一些时间、空间和信任。

稳稳地站在对方的旁边，成为他可以依靠的人。

两个人合适真的比爱情更重要吗

问： 和他在一起，彼此了解对方的想法和喜好，却没有恋爱的激情，我是该去寻求那种炽热的爱情，还是守护身边的默契？

其实两个合适的人在一起很难没有感情，就像合适的服饰搭配总是让人自我感觉良好，合适的鞋子让双脚舒适放松，合适的城市让生活充满热情。合适的生活是任何角度都能透露出"舒服自在"几个词的。

我们常常因为外貌、风趣、乐观、热情等爱上一个人，又常常因为性格、"三观"等不合适而分开。因为人不可能每分每秒都展现风趣、乐观和热情，也不可能时时刻刻精致整洁，更何况容颜也并不可能永驻。当爱情的多巴胺退去后，那些生活的琐碎和繁杂一并涌来时，我们将进入互相感受、彼此需求的阶段，也就是所谓的磨合期。

往往双方感情越浓烈，对彼此的期待感也会更浓重。常常听到处于磨合期的男女说："他/她以前也不是这样啊！"是的，能看得到彼此的需求是经营关系的关键，当无法看到对方的需求致使情绪升起进而产生矛盾后，人们总是会不自觉地和从前热恋期的甜蜜幸福感相比较，感受上的舒适度直线下

降。而那些较为同频的伴侣间，则会顺利从热恋期过渡到磨合期，"合适"成为不断为关系蓄电的过程，哪怕开始没那么喜欢，也会因为 TA 总是在第一时间满足了你的需求而慢慢变得更为依赖。

如果双方能够幸福地步入婚姻阶段，那么合适则显得更为重要了。毕竟恋爱是两个人的事，到了婚姻就是两个家庭的事，一个适合自己的人，大概率 TA 的成长环境也会让你觉得舒服。这一点非常重要，因为你不会在这段婚姻中觉得太累，本身过柴米油盐的日子就是一件需要极大耐心和精力的事情，如果还要额外熟悉适应新的家庭环境，那种不安感也会反过来再影响你的婚姻。

说白了，经营亲密关系就是用心感受对方的需求并尝试满足的过程。在经营过程中，双方的感情会升温，因为总是能及时满足需求而获得对方的赞许和肯定，收到激励后彼此会更加愿意花时间、精力、心思来更努力地实践这个经营事项，当这样经营的过程顺次呈现后，双方也获得了最完美的适合相处的模式。

而合适的伴侣就如同懂你的另一个自己，清楚你的需求，也知道怎么给你最合适，了解你的所有缺点，懂得如何与你沟通并避开你的雷区。这样一段舒服的关系难道不是你渴望的吗？

完美的"合适"是因为懂，所以一切自然舒服，且不会损耗你的精力。

问： 在生活中，遇到道德绑架的事该怎么办呢？

面对道德绑架就要优雅地怼回去

一说起道德绑架，我们总能想起现在非常普遍的催婚现象。其实如果作为父母替儿女操心婚事也算正常，但是偏偏有很多"热心"的亲戚、同事也争着要加入这个行列。一个姑娘如果过了30岁还没结婚，恐怕就要成为人们茶余饭后的话题了。这个时候可以用作家冯唐那句非常经典的"关你屁事"怼回去，但在现实生活中恐怕很难这么做，毕竟无论是亲戚还是同事都是自己人际关系的一部分，这种回怼方式无疑会直接结束关系，对我们的支持系统也是莫大的伤害。

但善而无知也是一种恶。人们总是抱着什么"不孝有三，无后为大"的祖训来苦口婆心地分析、劝说。但其实你仔细想想孝与不孝似乎都与亲戚或是同事关系不大，所以其实道德并不是目的，而绑架才是。

所以，优雅地回怼无疑是一种正确的方式。

在积极心理学的理论中有关于ABCDE理论的阐述：A是事件本身，C是A事件产生的结果，B是对C这个结果的看法，B往往决定一个人看待事情的心态，如果我面对亲友、同事冷嘲热讽地催婚很生气，那说明我的看法是认同，并恼火自己没有做到，又不能正面与他们冲突怼回去。如果我没有表现得很生气，只是安静地听大家的建议或劝说，时而微笑时而颔首，这就说明我认真倾听大家的话，但不代表我也这么想，这个时候D（反驳）就起到了决定性的作用，我的看法促使我反驳了他们觉得女孩子到了一定年龄就一定要赶紧结婚的观点。最后E是激发内在能量、维护自尊的权利。这个E也是如何优雅地怼回去的核心。

家喻户晓的舞蹈家、主持人金星的个性及她的经历就是充分运用了理论中的D和E，她用坚定的行动反驳了世俗所谓的道德论调，选择始终勇敢地做自己喜欢的样子（D）。这个爱自己的选择激发了她自身极大的能量（E），依她现在的成就，已经不会有人去关注她关于性别选择的事情，大家更喜爱她的作品、节目和率真的性格,这是一种面对道德绑架最优雅的回怼,不是吗?

优雅地怼回去,是人成长到一定程度时的一种呈现。

明明想拒绝，话到嘴边却是"好的"

问： 右面这个标题就是困扰我的问题。

不知道大家怎么看待"迫"这个字，在汉语的语境中，它可以是迫于压力，也可以是从容不迫。两种不同的表达传递出来的能量和方向截然不同。

其实，当面对一份请求或者一次挑战时，你可能因为不知道怎么开口拒绝而备感压力。其实你完全可以做到从容不迫，尤其那些在拒绝与否中纠结不已的人，只要你放下"老好人""边界感不强"这些让人沮丧的标签，你就会停止内心来回拉扯的内耗，真正读懂自己，同时也看见他人。

要知道每一个事件（挑战）的背后恰恰说明你的外在表现是高能量且被信任的，是你在过往中不断雕刻出了踏实可靠的人格特征，它是抗压力优势的最好呈现。要知道直接投入事件本身远比不停地用条件去考量能否顺利实现容易得多，因此你唯一需要思考的就是自我的客观需求：这件事自己到底做还是不做？为什么？并坚定自我的想法。

读懂自我的客观需求非常重要，这其中包括自我的安全需求、尊重需求和当下的其他客观需求。此刻要通过理性的思考客观评估事件（挑战）可能存在的安全风险因素，调动勇气的力量，通过一些拒绝的技巧使自己避免陷于危险之中，或者干脆拒绝那些自己并不情愿的事情。

但是拒绝的确需要一些勇气！在霍金斯的能量层级表中，所有层级刻度中，关键点是能量层级在200的勇气，它是积极与消极之间强、弱关联的平衡点。在其之下，动力是生存；在其之上，动力是意义。

所以从纠结不定到能够干脆说"NO"，需要内心有足够的成长才能做到的。这一份拒绝不仅仅是指面对他人对我们的一切期待，同时还有世俗对我们的期望，催婚、催生、催考编……只要我们内心稍微松动一点，就可能迷失自我。这就好像当我们对要求（请求）来者不拒，大家都夸奖我热心、能力强时，内心的累只有自己知道。当我们过上了那种世俗的理想生活，生活看似幸福光鲜，但是内心时不时出现的空落落也只有自己品味。

如果将我们的内在比作一个容器，心理边界就好比是容器的外壁，它让我们与他人区别开来，同时维护着我们的心理空间、自我意志、自我责任等。当我们不懂得拒绝的时候，人变得无法防守自己的心理边界，会很彷徨无助。

在这样的心理状态下我们内在的能量是无法被激发的，一旦具足勇气拒绝了那些不想要的（做的），才会有空间源源不断地流进来想要的。这一份勇气是拓展自我、获得成就、坚忍不拔和果断决策的根基，在这个能动性的层级上，人们才有能力去把握生活，也就是从容不迫地生活。

拒绝是一种成长，是对自己的保护。

明知是渣男，为什么不放手

问： 我朋友和一个我们公认的"渣男"在一起，我们都很为她担心，但又不理解为什么她"执迷不悟"。

我突然想起一个我特喜欢的脱口秀演员在他的段子里说过一句话："如果你刮奖刮到了一个'谢'字，还会继续刮下去吗？"我想了想，应该真的有人坚持把它刮完，让两个明晃晃的"谢谢"映入眼帘。就像明明知道是渣男还不放手！

我们怎么定义渣男？在印象中，人们总是把那些特别会哄女孩子开心，但是特别花心，甚至脚踏几条船的男人叫作"渣男"，每一次他们劈腿的行径被发现，他们总是能用三寸不烂之舌说服女孩子继续和他们好下去。在我看来,这个叫作"明渣",也就是他的"渣"是一目了然的。至于女孩子为什么会被哄骗,其实正如我在网上看到的一段话:"你待我真心或是敷衍,我心如明镜,我只为我的喜欢装傻一程。"在这一程的装傻里,也有女孩子们些许的不甘心和小小的不合理期待,不甘心对这场恋爱投入的很多感情、很多时间、很多精力付诸东流,对"渣男"念念不忘,潜意识的需求是惋惜那时全力付出的自己。在这种全力的付出里,还藏着女孩子们的不合理期待,那就是她们总是觉得自己是特别的,是可以让"渣男"浪子回头的那个女孩。她们的这种心理期待始终在作怪。所以渣男每一次的过分行径都能在每一次求原谅、求复合中被接纳。这种接纳永远不会使"渣男"感动,而是增加了他们炫耀的心理资本,他们的内心台词常常是:"看!不管我做了什么,只要钩钩手指,她就会回到身边!"

但在这个社会中,还有很多看起来并不像"渣男"的"渣男",他们看起来非常的忠厚老实,从来不和别的女生有过分之举,他们的生活非常简单,上

班工作、下班打游戏或找兄弟们喝酒。对于女孩子的一切陪伴需求和内心需求，他们会因为做起来费劲选择视而不见。无论和女孩约好了要做什么事情，只要收到兄弟们的"开黑"邀请，那么女孩子一定是被放鸽子的人选。他们稳稳地掌控着让他们觉得舒适的生活节奏，女孩除了跟随别无选择。但这样的男生却是家长眼中的"好女婿"，当女孩表达自己的需求在这段关系中无法被满足时，她们常常会被长辈劝诫："你啊，就是想太多了，结婚过日子不就是要找一个稳妥、没有什么不良嗜好的吗？他除了爱和朋友们打游戏，其他都挺好的呀，你就别那么多要求了。"此刻，女孩会怀疑自我：也许真的是我事太多了吧？于是内心的痛苦在这样矛盾的心态下疯狂滋长，但又不敢做出任何决断。这种隐形的"渣男"，他们的自我意识极强，表现行为则是潜在的控制欲，他们是一类你永远也叫不醒的装睡的人。

无论是不甘心的女孩还是内在恐惧的女孩，她们都不能避免地会面临很多时刻的自我否定。这种自我否定来自"渣男"带给自己的影响和错觉，无论是巧舌如簧的"渣"还是忠厚老实的"渣"，究其本质，女孩子都是被外在的表现所牵制了。其实自我成长是最好的解决方案，自我成长的力量将迅速扩大你的控场范围，在同样维度下，你看待从前的事情就会有不同的视角和感受，继而做出完全不同的决定，你会拿回情感的主动权，不再被"渣"。

你若真正幸福，家人和亲友会予以祝福而不是担心、提醒。

你是胸怀大志还是好高骛远

问： 小时候，别人问我理想，我还能勇敢说出来，现在别人问我理想，我反而不敢说，怕被人笑话好高骛远。但我想知道，志向不应该远大吗？

看到这样的两个词"胸怀大志""好高骛远"，人们常常会做一个比较。例如，"胸怀大志"是褒义词，"好高骛远"是贬义词。其实如果从成长性思维的角度来说，这两个词只是人们在实现理想的过程中的两种变量。

想一想决定一个理想能否实现的关键在于什么？是对理想可实现度的评估报告，还是针对这个理想我们如何去坚持行动？再容易实现的理想如果只是在空想，没有具体的执行力，那么也算是好高

> 没有什么比体验到自己时时所做之事开花结火更能激励我们了！

骛远；而看起来再遥不可及的事情，只要在路上坚持，就总有到达的那一天。所以如果将时间的长度打开，日日向着目标精进坚持，那么这个世界就根本不存在好高骛远的说法。

我们靠什么慢慢接近自己的理想？自然是身体力行的实践，没有任何一件事单单凭借立下志愿或者空想就能实现，所以让理想从好高骛远变成胸怀大志的状态，需要成长性思维助力整个实践过程。

成长性思维由美国斯坦福大学的心理学教授 Carol Dweck 提出。她坚信：拥有成长性思维的人在遇到困难和挑战时更加乐观积极，他们相信自己的不懈努力，能够帮助他们克服困难，最终走向成功。

因为成长性思维总是让我们倾向这样的表达：

我总是能比现在做得更好！

遇到困难，我能坚持！

我能从错误中学习。

我能去学任何我想学的东西。

别人的成功能给我带来启发。

我觉得努力和态度非常重要。

我喜欢挑战自我……

我们将在"自我原谅"这一篇中介绍固定性思维的概念

固定性思维总是让我们倾向于这样表达：

我不想让人觉得我是个失败者。

我要么擅长一件事，要么就不会。

遇到困难，我会选择放弃。

我不喜欢听到批评。

我不喜欢挑战自己现有的能力界限。

失败的时候，会感到沮丧，觉得自己一无是处。

别人的成功，会让我感到威胁……

由此，可以很容易地看出两种思维的不同方向，成长性思维更容易促使人们获得成功的体验。我们在通往实现远大理想的路上，以成长性思维驱动的同时还离不开实践智慧。实践智慧与人日积月累的生活经验相关，是指运用自己的优势去使生活过得更有意义。

培养实践智慧的能力有几个方面：

● 寻找具体性，通过品格优势测试，了解自己具有优势的部分。

● 寻找与你的品格优势相匹配和关联的具体事项。

● 通过学习，将优势品格与具体的相关事件进行磨合练习，以达到一个较高的水平。

● 养成反思的习惯，查找事件中需要调整和校准的部分。

● 将视角置于大环境中，结合自我成长及兴趣爱好的需求，真正将自我的实践智慧运用到理想实现的全过程中。

没有什么比体验到自己对所做之事非常擅长更能激励我们了。

问: 努力了一定会有回报吗?
真的是这样吗?

努力不是立刻就有回报

为什么努力了却就是看不到回报?在我的众多学员中,就有这样一位姑娘在这方面有困惑,我们暂且叫她小 A 姑娘。

小 A 姑娘性格开朗、活泼,自从大学毕业就来到这家公司上班,已经工作 5 年了。她算得上是公司里最努力的人。每次开会,她绝对是第一个到,认真记下领导说的每一个想法。并且,她对领导"言听计从",领导提要求,她从来不会反驳;领导交代的工作也是加班加点地做完,工作上她总是很努力。

偶尔摸个鱼

但即便是这样,她依旧很少受到领导的重视,反而被认为"性格软弱"。在一次竞争管理岗位时,领导居然把位置给了另一个并不是"很努力"的同事。小 A 姑娘很难过,她为了这个岗位努力了这么久,别人却轻易得到了晋升机会。自此她陷入了心痛、失落,甚至开始怀疑自己,自己是不是真的这么差。长时间的压抑导致她经常因为工作上的事而焦虑,明明很简单的事却总是犯错,慢慢地她开始失眠,失去了工作的动力,每天都感到很累。

小 A 姑娘的日子,就像在黑暗中蹚着水过河,不知道什么时候才能上岸。

大家是否听说过《笨人吃饼》的故事，讲的是：一个人肚子饿了去买饼吃，吃了一张没有饱，于是吃了第二张，还没有饱，接下来又吃了第三张、第四张、第五张、第六张，直到吃到第七张终于吃饱了，他拍着肚子说，早知道吃第七张饼就能吃饱前面六张饼就不吃了。然而我们都知道，没有前面的六张饼，第七张饼也不会到来。因为任何事物没有量变做准备，就不会有质变发生。诺贝尔经济学奖得主哈耶克也曾提出"积累进步"的思想。在哈耶克看来，进步应当具有连续性，而连续性是要靠积累才能获得的。这不仅意味着成功的结果或是努力的回报与付出努力的过程是相隔距离的，更告诉我们付出是持续性的，并非一次性的事件。我们对回报的预期过高，反而打断了投入与努力的持续性，致使那个最终的"回报"姗姗来迟。

其实在努力的过程中，我们收获的往往不是回报，而是个人的成长。一个人趋向成熟的标志就是越来越宁静的内心，可以以平常心对待一切事物。然而我们在期待回报的过程中，升起的那份"它怎么还没到来"的焦急感会让我们失去主动权，我们被渴望得到回报而还没能得到回报衍生的各种情绪所牵引，再无自在可言。而当我们能放下对结果和回报的期盼，专注于所做的事情，反而自得其乐，这个时刻回报何时到来已不再重要，因为我们已经获得了全情投入事件的成长，这已经是最大的回报。

心无旁骛地去做一件事，那是一种纯粹的伟大。

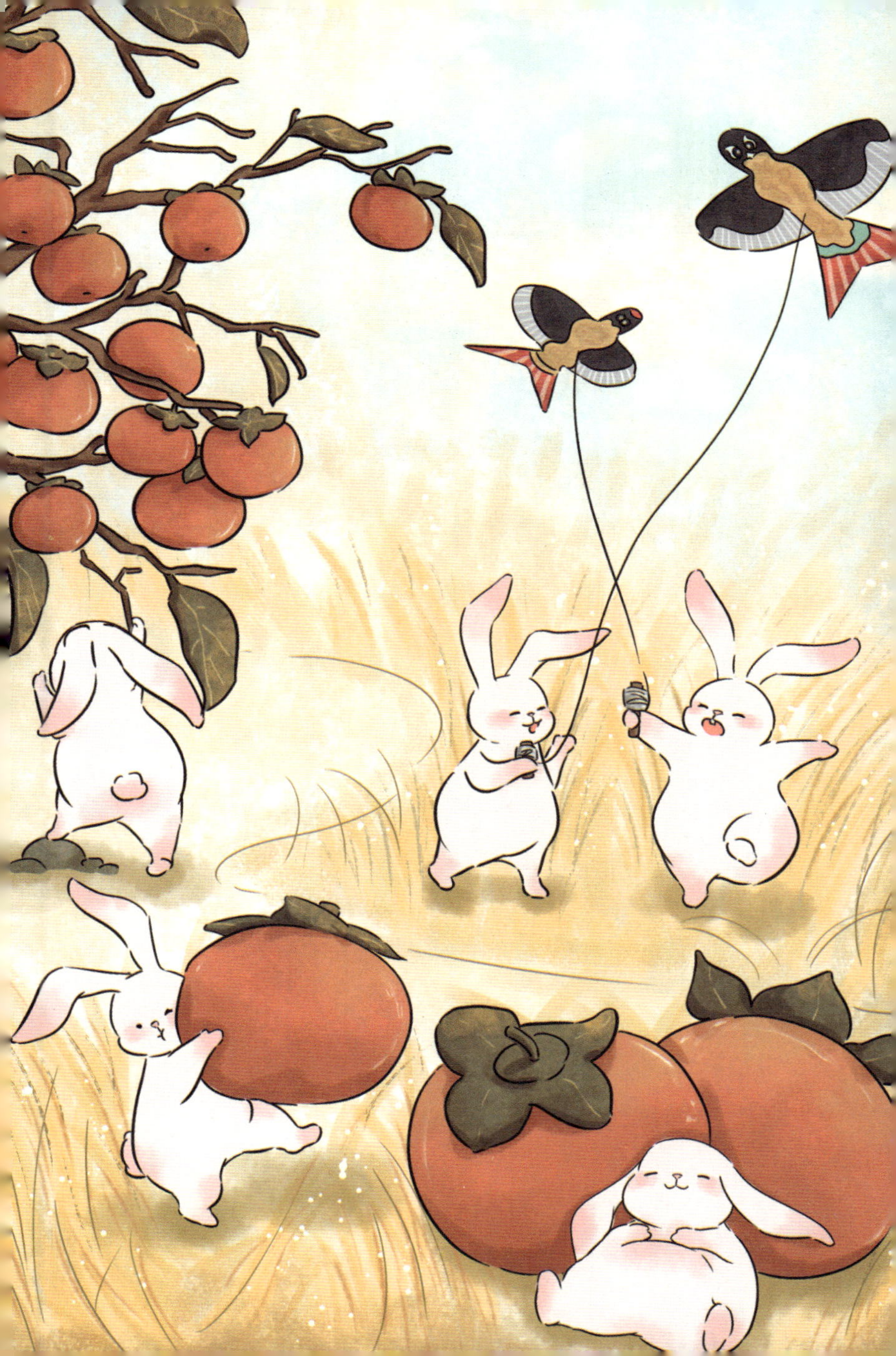

今天会有好事发生

偏见和歧视是廉价的优越感

问： 忙完一个大案子，刚刚放松一下，就被上司看到，以为我一直在"摸鱼"，真是百口莫辩。一次两次算是运气不好，经常这样被批评，是不是上司对我有偏见？我要怎么改变这种局面呢？

　　如果单独将"偏见"和"歧视"两个词拿出来，大家可能就会说，现在是和谐社会，包容度这么高，怎么可能还存在偏见和歧视的现象呢？其实你仔细感受一下标题就能发现，在文明程度越来越高的今天，我们很少做类似的行为，但内心常常油然而生的优越感却是偏见和歧视存在的最好证明。

　　人特别容易通过偏见和歧视获得优越的快感，这种切入点似乎无处不在，如身份优越、出生地优越、学历优越、收入优越、房和车优越等。但你仔细想想，这种优越感是一种变量，也就是说只要往低处扫一眼，优越感便会油然而生，但只要再往高处看一眼，优越感瞬间就会消失，甚至还会感到些许自卑。

之所以说偏见和歧视带来的是一种廉价的优越感，就是因为这种优越感是依赖于外在的比较而产生的，但我们知道只要是依赖外物产生的一切快乐，都是梦幻泡影，转瞬即散。只有从自己心底生发的自信和优越感才是经得起考量的。

从另一个角度来说，很多时候产生偏见和歧视，也是因为我们对事物了解得不够全面甚至根本不了解。任何事物都具备正反两面甚至多面，而"偏见"和"歧视"并没有用全局的眼光来看待事物，这样有失客观地判断，就会陷入自我的主观中，让我们只能关注弱点之处，并且有了不平等对待的言行。其实想想，如果贪恋内心在那一瞬间的愉悦感，我们反而会失去更多。比如"三人行，必有我师焉"，这是一个可贵的学习机会，但长期迷恋虚假廉价的优越感会让你彻底迷失自我或自我感觉良好，随之而来的是拒绝自我成长，无法察觉自己可调整进步的部分，随着视角缩窄、格局变小，也将陷入紧张的人际关系之中，无法得到他人的支持和鼓励。而我们都知道支持系统对一个人的重大意义。

面对迷恋优越感的人，其实不是要调整他们的行为，而是给予他们家人和朋友的关爱。他们极度渴望被关爱的内心，在用如此强烈的方式强调自我的存在感，他们应该被看到。作为他们的家人和朋友，我想这是我们能用爱好好陪伴他们的最佳时刻。当他们的内在被爱所填满时,你会看见一个温柔谦逊、阳光可爱的人重新站在你面前。

她会笑着说:"嗨!有你真好!"

偏见和歧视面前不能当鸵鸟,勇敢打破它才能走上坦途。

如果心情不好就做点什么转移注意力

问： 周五下班前，一想到马上到来的周末时光就很开心，这时得知下周一要做一件十分棘手的工作，我的好心情马上被破坏了。更令我郁闷的是，这个影响可能贯穿我的周末，难以摆脱。

不知道大家是否注意到，这个忙碌的时代，人们似乎不敢让自己从压抑或痛苦的事情中抽离出来。比如工作让一些人很痛苦，但他们会一直甘愿被这种痛苦纠缠着，即使下班回到家还是会不停地想明天的工作，然后持续地烦躁。他们既不在工作时间之外暂时让自己从工作中抽离出来，也不选择结束这份工作（因为总是害怕下一份工作还不如这一份）。

"不敢""害怕""担心""恐惧"的念头总是会阻碍生命的喜乐。其实"欢天喜地"这个词，就是说人活在天地间，要让自己处在欢喜的境地。这个欢喜的念头不是赚到一笔钱，也不是男欢女爱，而是不害怕、不焦虑、不恐惧、不担心。

事实上，我们每个人每天都很难摆脱心情不好的侵袭，但其实心情不好背后的一切情绪和感受，不过是虚张声势的纸老虎，我们内心的所有不开心，都能在一念之间转变成另一番镜像，我们的想法可以想出天堂，也可以想出地狱。一旦习得转念的方法，世界上的任何人和事都将无法再影响你的心情。

我们无法决定生命的长度，无法决定世界发生战争与否，无法决定突发状况来袭与否。对于我们来说，做点什么让心情变得好起来，其实就是在训练控制自己每一个念头的方向，也就是我们的注意力所在。

那么，如何控制、转化我们的念头？在心理学中，念头可以转化是因为人们的不合理信念导致了很多情绪。由美国心理学家埃利斯创建的情绪ABC理论，认为人的消极情绪和行为障碍结果（C），不是由于某一事件（A）直接引发的，而是由于经受这一事件的个体对它不正确的认知和评价所产生的错误信念（B）直接引起的，错误信念也称为不合理信念。在这种错误信念下，个人会很难客观地看待自我，无法对所处情境做出准确的判断。这时候，就需要运用情绪ABC理论让自己明确心情不好的源头是什么，然后逐步转化。

第一步：接纳自己的情绪。如果你很生气，不要压抑、掩饰，而要坦诚地面对和承认自己生气了，然后问自己一个问题："这种情绪能给我带来什么帮助？"

第二步：坚定改变的意愿。问问自己是否想改变，如确有信心改变，为自己制订一个改变计划并加以实施，一星期后再作评估，然后决定是否持续或修正。

第三步：调低说话的声调。讲话的语气音调是情绪态度的信号，试着让自己心平气和地说话，这不仅会让你在信念和感觉上比较愉快，还会让你体验到新的情绪经验。

第四步：转移思考的目标。暂时把头脑中那件让你恼火的事情放到一边，毕竟处在情绪中的人很难进行理性客观的思考。

玫瑰不必非要做

114

心情不好就去运动吧

如果你暂时没有办法冷静地操作以上步骤，那么下面的一些简单的小方法也是可以试一下的：

● 给自己设定一个暗示性的语言，比如"我是小仙女"，在情绪溢满身体之前，发出这个信号，告诉自己："现在我有情绪了，我要停下来想一想为什么，我不能被情绪左右。"

● 如果是因为关系问题产生情绪了，那么给自己一个暗示性的动作，这个动作意味着提醒自己让情绪发展下去会破坏关系，要停下来想一想到底怎么回事。

● 在意识到自己可能在生气或沮丧的那一刻，赶紧走出去，到外面的环境中，让自己与产生情绪的熟悉场景隔离开来。

记住，当自己意识到有情绪来袭，要在我们心情变糟前的第一时间赶紧行动起来，迅速按下情绪发展的暂停键。

坏念头坏情绪当止则止，方不受其乱。

我的朋友圈仅三天可见

问： 现在屏蔽朋友圈中的微商广告后，能刷到的好友动态越来越少了。有时突然想到一个很久没联系的朋友，想看看她最近的动态，打开她的朋友圈，显示的却是"朋友仅展示最近三天的朋友圈"。为什么现在大家都不爱发动态了？

"朋友圈"是一个由熟人、半熟人组成的"关系圈"，是现实社交在网络世界的延伸，也是个人获取信息的重要渠道。

以往朋友圈是了解一个人最便捷的渠道，而当下关注一个人开始有期限——从"最近半年"，缩减到"最近三天"。对此，《新周刊》发布了一篇《别怪我就开放三天朋友圈，因为跟你也就三天的交情》的文章，定义了"泛好友"的概念。

泛好友，是当我们刚从熟人社交过渡完，还在

朋友仅展示最近三天的朋友圈

思考如何在泛社交下沉淀人际关系时，猝不及防出现的一类人。那些找上门探探价格顺便加个微信的客户，离七大姑八大姨还有三层关系托过来的求助微信，失去音信近二十年的幼儿园同学添加微信叙个旧……实际上你和他们是泛泛之交，工作谈完、帮好忙、叙好旧便很难再有后续的联系，朋友圈仅三天可见，因为实在不想展露全貌。

这种不想展露全貌的行动实则是启动了"自我防御机制"。虽然这种做法不够开放，但在一定程度上却是一种适度的保护，因为对未知的恐惧感是人与生俱来的特质，每个人都倾向于只是部分展露自己的生活和工作，这样会让人感到安全。但如果从反向来看，翻看朋友圈的人则会产生一种被拒绝的失落感，瞬间会拉开彼此的距离："我没有办法了解到他的全部，他对外界是有所保留的。"这种不良的感受会致使人们不愿再过度关注这个人的朋友圈，一定程度上会影响人际关系。

虽然朋友圈仅三天可见大多数时候对人际关系有一定的影响，但也有一种情况是例外。比如知名人物的朋友圈，就算是仅三天可见也不会引起人们的反感，因为其身份、地位、名气较特殊，他们的朋友圈仅三天可见则是一种合理化的状态。这有点类似"自我防御机制"中的"升华"，把那些看似不被接受的、不太合理的事情变成大众所能接受的、社会所认可的合理化的行为。这也是"升华"能够带给我们的成长的意义。

关于"自我防御机制"的"升华"，可以通过一个更通俗的例子去理解。比如：小A从小就能言善辩，总是喜欢和别人争论，本身这样的行为是不被人喜欢的，但小A上大学选择了法律专业，毕业后成了一名律师，那么她本我中的自我表达，以及与别人争论的欲望被成功地合理化地"升华"了。在这种合理化成长过后，同样是在辩论，她却变得受人尊重和喜爱了。在这种看似职业身份转化的背后，是本质的"升华"，即小A变成了一个为人们服务的角色，利他是其人生意义所在。

　　当一个人走上追求人生意义的道路时，会感受到轻松和自在，就会更少启动"自我防御机制"。当你在朋友圈展示自己的幸福生活时，不是为了炫耀而是散发意义感给人们以鼓舞；当你展示自己不幸的遭遇时，不是为了卖惨，而是提供经验，警醒人们别再重蹈覆辙；当你展现你的产品或工作内容时，不是为了显示自己的能力，而是传达我能为你做点什么的信号。这一刻你全然接纳你自己，相信你自己，所以你会全然接纳朋友圈、相信朋友圈。你的朋友圈是否是仅三天可见已经不那么重要了，也并不是你所在乎的事情了，因为你成功收获了自我"升华"。

可以不"成功"，但不可以不成长。

我们总是把最糟糕的一面留给家人

问： 在外人眼里我是一个乖乖女，性格温柔，从来不乱发脾气。但是，回了家却总是因为一些小事和父母生气，甚至恶语相向。想和父母好好相处，可总是做不到。

很多走进我课堂的学员，都出现过类似的情况，不只是和父母，也有和爱人，或者是和孩子之间。在最亲近的人身边，我们会自然进入一种放松的状态，这是人最真实的时刻，"家是避风的港湾"这句话非常形象地描述了家以及家人对于每一个个体的重要性。

回到家的那一刻，心是有所归属且放松的，在家这个极度安全自由受保护的空间中，我们可以放心地释放一切糟糕的形象并确信被包容，所以这份放松中

玫瑰不必非要做

表现出来的糟糕形象隐藏的正是我们的"需求"。这种需求又会分为两个部分：一个是希望家人满足自己的需求，一个是自我内在安全感确认的需求。

但我们要知道，无论是哪一种需求，这种表达"需求"的方式都是错误且不可取的，因为它会将我们的亲子关系或是亲密关系破坏殆尽，而我们的"需求"却仍然未被看到。

当这样的情形出现时，我们要马上停下来，进行一次深入的觉察，问问自己内心真正的需求是什么。我有没有正确地让父母看到我的需求，比如我只想安静地待一会儿，还是希望父母能理解我的吐槽只是吐槽，而不是忧心忡忡地开始批评教育？如果这两个问题想到了答案，那么感受一下是否还有想要唠叨或是发火的冲动？

上面还提到了内在安全感的需求，这类需求很多时候关乎我们的成长经历、认知水平、内在情结。但是要知道，试图通过阻止行为发生来回避也是不可取的，因为你的需求在此刻被刻意忽略，这又将埋下下一次事件的导火索。所以，思考了上面两个问题，如果你现在看到了自己向家人表露糟糕情绪的"情结"是什么，那么恭喜你，你为推动你的家庭和谐做出了最重要的努力。

> 家是世界上唯一隐藏人类缺点与失败的地方，它同时也蕴藏着甜蜜的爱。
>
> ——萧伯纳

我在外面过得挺好的

问： 每次和父母打电话，都想像小时候一样跟父母诉诉苦，但想想他们未必明白我的处境，还是算了，说一句"我在外面过得挺好的"，不让他们操心，但挂了电话，我却感觉很孤单。

"我在外面过得挺好的。"这句话是在外打拼的子女经常对父母说的一句话。在当下的社会似乎"报喜不报忧"成了孩子们成年后对待父母的共识。当出现工作不顺利、婚姻破裂、意外受伤等情况时，孩子们的出发点是不想让父母担心，但这样真的是孝顺的一种表现吗？

表面看来无可厚非，孩子自己扛着所有痛苦难过的事情，父母安享自己的晚年生活。而实际上孩子的内心强烈地缺乏支持感，父母的心中会升起强

烈的不安感。父母也许会表达："我们不在意你在外面挣多少钱，工作做到什么职位，只是在意你过得好不好，是否平安、快乐？"但要知道这种关系模式不是成年后形成的，它是中国父母在教养过程中言传身教的一种必然结果。

想一想，在我们小的时候父母向我们传达了什么信号？我们几乎很难听到父母非常正式地向自己的孩子们谈起在工作或生活中的挫败感受以及事件，我们总是倾向于认为父母告诉我们的任何事情都必须执行，他们说的话都对必须听。当然，父母在孩子小的时候营造这种无所不能的支持感对孩子的心理资源发展是有帮助的,但同时它也向孩子传递了一个概念——成年人的世界是无所不能的,而且不允许有软弱。

适当示弱,其实不管对父母还是孩子来说都有很多好处。示弱可以让自己不那么辛苦地强撑,毕竟人总是会遇到这样那样的事情,会有脆弱的时候,只要你的父母关心着你,你完全可以把你的"烦心事"对父母倾诉一下。一旦你这么做了,你会发现父母其实并未因距离而脱节你的生活,他们不止理解你,甚至会提出一些建设性的建议。从这个角度来说,父母也获得了家庭系统的支持,孩子获得了个体被重视的尊重感,这对于双方来说都是一种良性的家庭互动模式。

适当"示弱"也会给你带来更独立完善的人格发展,形成这样的认知:人是可以脆弱或者崩溃的,完整的人格使人们能及时疏导那些消极的情绪,让自己更快速投入后面的事情里;懂得寻求支持和帮助,让自己的支持系统变得发达,这更容易取得事业上的成功。更重要的是,你会觉得自己是被父母信任的,自然也会同样信任父母。此时你不会打电话只说"我在外面过得挺好的",当你会分享喜悦也会诉说痛苦,一家人此刻就成为真正意义上的一家人。

苦乐同享、彼此依靠、互相需要,才是亲密的一家人。

不用太在意你的羡慕嫉妒恨

问： 有时看到优秀的人，会想为什么她这么优秀，总是忍不住去打听人家的"八卦"，这是不是自卑？

在网络上、短视频中，经常能看到某些明星、公众人物博眼球的消息，一时间传遍各种社交媒体，成为大众消遣、调侃、议论和争辩的话题。无论当事者的言行是否合适或恰当，我们大众对明星绯闻、名人八卦的喜好在此事件中表露得一览无余。这里边包含着传播者的情绪，即羡慕嫉妒恨。这种情绪的持续发展，会让我们丢掉优越感。

优越感是由人本主义心理学和个体心理学的创始人阿德勒提出的。在最初提出"优越感"这个概念时，阿德勒认为这是每个人追求的目标。他认为，优越感本质应该是一个人对于自我能力和成就的自信，而并不是对于他人的俯视和不屑。

那么显然，羡慕嫉妒恨是自卑的表现，是一种不如人的感受。一旦这种感受充斥在人们的意识中，会形成自卑情结，后果就是很难获得成长动力，庸庸碌碌过一生。

而当我们自己不幸成为这种羡慕嫉妒恨的主角时，我们有什么办法保护自己不受过度伤害，从而维持正常、健康的心理状态？其实心理学家在这方面有过很多的研究。

首先，心理学家认为，羡慕嫉妒恨的表现，如八卦和流言，这些东西并不仅仅是现代互联网时代的产物，它其实是人类进化选择出来的一种维系社会关系稳定的方法。在漫长的人类进化历史中，人类在战胜天敌和对手时，一种很重要的手段就是掌握同伴之间的信息，维持关系的稳定，其中八卦和流言就起到了部分这样的作用。这就是为什么聊八卦、讲闲话、背后议论他人等方式，经常可以促进小团

体间的信任和合作，拉近人与人之间的距离，产生一种心理上的友好，获得趣味相投、虚荣满足等感受；而议论的对象一定是某位领导、名人、竞争对手或者任何我们嫉妒、怨恨的其他人。

其次，现代社会压力巨大，生活节奏快，紧张、焦虑和失落日渐普遍的大环境下，通过聊八卦、讲闲话也能释放部分紧张的压力，发泄自己的某些不满，减轻心理的些许负担。心理学家贝克还发现，我们在阅读名人八卦的时候大脑会分泌出内啡肽，就好像我们吃巧克力糖一样，让我们产生愉悦的感觉。尤其是在互联网高速发展的当下，人们都像戴着面具一样躲在平台之后，使得这种匿名的愉悦不仅便宜而且没有多少责任感和内疚感。

换个角度想，人们八卦较多的还是负面消息，而这种"负面优势效应"也正好说明大多数人过的还是正常、平凡的日子，因此负面消息才会出现。这就好比黑色目标在白色背景下会更显得突兀。

这给了我们什么启示呢？首先，羡慕嫉妒恨会丢掉我们的优越感。其次，正因为突出才使得受人关注，就要学会自律，规范言行。再次，要学习古人的智慧："家丑不可外扬"，牢记"隐私不可泄漏""做人别太高调"。

对负面情绪，正视它、接受它、改变它、最后战胜它、摆脱它。

想得明白，也要过得明白

问： 想得明白，但却过得一塌糊涂……

"知道很多道理，依然没有过好这一生。"这是电影《后会无期》里的一句台词。

的确，这是一个信息爆炸的时代，我们知道很多碎片化的信息，每一个人似乎都能说出一些类似"人类心灵深处，有许多沉睡的力量。唤醒这些人们从未梦想过的力量，巧妙运用，便能彻底改变一生"这样的励志语录。人们往往用大量的时间去获取新信息，而不是将学到的新内容应用到日常生活中，并思辨这些信息对自己真实生活的用处到底有多少。

这又是一个即使终身学习也学不完的时代。很多人会报一些知识付费的课程，无论是9.9元还是999元，我们似乎在这些课程里掌握了很多的方法论，侃侃而谈、举一反三，但在实际的工作或生活中还是不知道自己到底能干什么、该干什么、想干什么。当这些方法论学到的时刻觉得自己信心满满，无所

不能；但很快又觉得一切都没意义，自己非常无能。

这种信息化的冲击和来回拉扯的情绪，会极大内耗一个人的心理资本，使得人没有办法在一条道路上坚持深耕下去，最终成为那个最好的自己。

我到底想成为什么样的人？怎样度过这一生？

我想正确地认识自己是第一步，这一步相当重要。在心理学的三大使命中，第三大使命就是发掘人的优势和潜能，这就意味着自我认知是可以通过积极心理学等科学的方法测量来实现的。

当我们对自己有清晰的定位和认知后，我们最终希望自己能过得明白。过得明白是通过行动获得想要，通过做事达成目标，通过实践不断完善自我。我们必然在有目标的行动中不断发现问题、面对问题，想办法扫清这一切过程中的难题和障碍，最终达成蓬勃的人生，这是一种身体力行来不得半点虚假的做工。

"知行合一、以知促行、以行求知"将会形成一个良性的增长闭环，在这样趋向增长的闭环下，头脑中的那些问号会变成坚定而幸福的句号或是感叹号，我们也在获得一次又一次的自我成长后，完成生命品质的迭代。

这是一段从知道到做到的旅程！你的通向欣欣向荣的道路将是独一无二的。

想哭就哭吧

问： 遇到难过想哭的事，因为怕别人笑话而忍着。一想到连哭都要顾三顾四，仿佛更难过了。

哭泣是人出生后的第一信号，它预示着我们的到来，代表我们向这个世界报到的声音。随着长大，哭泣却被认为和悲观、抑郁等相关。

但是，作为成年人不能脆弱、崩溃、哭泣，这本身就是一种不合理的信念。很多时候我们想要表现得坚强，或者不想让别人担心而抑制哭声，内心也会积累负面情绪，进而诱发情绪障碍，导致我们陷入抑郁、压力或焦虑之中。

当我们在否定自己的消极情绪时，其实也是在

悲伤那么大，想哭就哭吧！

隔绝自己内心的感受。我们会渐渐不再相信自己的内心感受，开始隐匿真实的自己，这种身心的不一致，不仅会影响与其他人的沟通表达，更会导致心理活动的内在协调性遭到破坏，给罹患心理疾病埋下隐患。

那些长期使自己处于情绪压抑状态的人，如果能接受三方面的认知，会瞬间感觉一身轻松。第一要明白不管是男人还是女人，大人还是小孩，有情绪是很自然很正常的事情。第二要懂得看见情绪是对身体需求的一种尊重。第三要懂得消极情绪需要释放和调节。其实，哭泣本身就是我们与生俱来的一种能力，现在觉得羞耻于做这件事，这本身就违背了身体的规律。哭泣这种宣泄行为是一种释放情绪、改善心情的有效手段，一滴眼泪甚至具有缓解一周压力的效果。

西班牙的《理智报》曾刊载过一篇《为什么要多流泪》的文章。这篇文章表述了眼泪具有很多积极的作用，不仅能让我们从压力中解脱，还能让我们的副交感神经系统发挥作用，进而达到放松和调节紧张情绪的效果。随着我们心情的变化，眼泪的成分也是不同的。哭泣会释放两种激素——催产素和另一种具有类似阿片类药物作用的激素。这两种激素都具有平静、缓解和克服疼痛的功效。比如，当你伤心哭泣时，身体会分泌出激素，可作为天然的止痛剂，让你放松和睡眠。此外，通过哭泣，我们还可以清除肾上腺素和去甲肾上腺素这两种对我们机体有毒害作用的物质。

眼泪可以消减我们的负面情绪，同时我们也应该认识到这是为解决问题而迈出的第一步。哭泣代表着我们接纳了心中的消极情绪，接纳本身就是勇气和力量的所在，将内在的消极情绪宣泄出去后，我们会获得注入积极能量的可能，重新出发！

勇敢哭泣，这是你战胜负面情绪的积极方式。

25岁，人生开挂

问： 25岁，这个年纪有什么特别的意义吗？大学毕业？踏入社会？从父母满足我们的需求，到需要努力自我满足需求？还是刚好过完人生的第二个本命年？

从传统文化的角度来看待"五"，作为一个处于中间位置的数字，"五"代表着鼎盛。

这种鼎盛是指25岁的人，他们的基础能量基本成熟，对未来选择起到关键作用的情绪情感发展到了相当的程度。首先，在认知层面有了更多的主观体验，多年来他们从家庭、学校以及社会所积累的知识达到了较为开阔的程度，"三观"也基本趋于稳定。其次，他们的生理唤醒让他们感受到更强的可控感，无论是走、跑、哭、笑还是专注于某件事并为此付出辛劳等,身体的可执行度已达到最高,执行力达到最强。再次,在表达层面的欲望变得非常旺盛,无论是表达出对外部世界的描述还是内在的精神状态的呈现,他们都具备了更强的表达能力,逻辑呈现也处于峰值状态。这种表达不仅仅是语言层面上的,还包括肢体上的表达。

"25"这个数字的含义意味着"爱我",而从心理学的角度来看待"爱我"这件事则是非常具体的。因为爱自己是爱这个世界的起点,也是人生开挂的起点。

爱自己是积极心理学中积极自我非常重要的部分。因为它与一个人的自尊有关,自尊有三大支柱,即自爱、自我观、自信。爱自己是获得稳定高自尊的重要因素,一个拥有稳定高自尊的人可以清晰客观地评估:我是谁?我有哪些优点和缺陷?我能做什么?我的价值是什么?他们对自己更有自信,对所要做的事情更笃定,他们自我感觉总是会不错。而现在的90后,都是在巨大的社会发展变革中成长起来的年轻人,社会关注度高,是天之骄子!他们受教育的程度更高，也更渴望成功和实现自我价值，同时互联网以及电商的普及，也为年轻人创业提供了便利及更多的渠道。感觉被爱和感觉自己有能力，是自尊的养分。

然而，开挂的人生除了启程于 25 岁这个黄金的年龄，更需要通过身体力行的实践将创业干事的能力最大化。如果当代年轻人能把自身所蕴含的创业以及创造的潜能激发出来，那将是中国未来发展一笔极大的财富。

谁都想过上开挂的人生，但前提是认清自己，努力奋斗与不断成长才能过上自己想要的生活。哲学家西塞罗说："春是自然界一年中的新生季节，而人生的新生季节，就是一生只有一度的青春。"所以说，青春是美丽的，青春是珍贵的，我们应该用仅有一次的青春去奋不顾身，成就梦想。

人生转瞬不复还，当凭青春去奋斗。

问： 好像说一句"我社恐"，就能像盾牌一样回挡很多问题？

选择性社恐

　　社恐这个词，近几年经常在年轻人群中被提起。从心理学的角度来说，社恐是恐惧症的一种亚型，全称叫作社交恐惧症。它的症状是害怕在一个集体中被人审视，一旦发现别人注意自己就不自然，不敢抬头，不敢与人对视，甚至觉得无地自容；不敢在公共场合演讲，参加会议会不自觉寻找角落的位置，故意回避社交。

　　一般会将心理冲突持续半年以上、社会功能受损无法顺利完成正常的社交、"症状出现泛化"等作为判定社交恐惧障碍的标准。真正的社交恐惧症是严重的心理问题，需要去做专业的心理治疗。

这里我们是要聊一聊那些喜欢给自己贴上"社恐"标签的人。他们会根据自己的内在需求，来决定是否向别人介绍"我有些'社恐'"。这是一种主动出击的自我防范，并不是被迫的社交焦虑。因为真正的社交恐惧症是很难向别人介绍自己有"社恐"的，交往时，他们往往会伴随着出汗、心慌等生理症状，他们会通过减少各类社交来回避这些情

况。而"选择性社恐"有点类似"酒精过敏"的理由，其实很多人酒精过敏并不是一点都不能喝，只是需要把饮酒量控制在一个量内，在某些关系接纳度不高的社交场合，"酒精过敏"就是一个完美的借口。但当遇见知己，则会在饮酒量可控的范围内，尽量表达诚意。

这样的"选择性社恐"其实隐含着人们背后的一种需求，那就是心灵的自在。为什么在这样的人群中就会觉得"社恐"，在那样的人群中就不"社恐"？因为这是自我内在需求的一种投射反应。在过往的很多事件或是经历中，我们常常会在心中堆积一些意向、观念、情感，它们常被解释为"心中的感情纠葛或深藏心底的感情"，这些都是人内心中非常重要的潜意识组合，一般情况下不会显现出来，只有在特定情境或关系下才会有所展露。

因此"选择性社恐"背后的环境或人群可能就是我们内在情结的触动点。有内在的情结并不代表我们不正常，因为情结如果没有造成有害行为，它就是人们内心的一种多元变化而已。而"选择性社恐"

却是用被动逃避的方式处理情绪。它虽然让人暂时感到安全，但从长远看，会加剧人们不愿触及情绪的心理倾向，导致情绪无法被充分表达。可是情结的有效处理对人的成长有极大的促进作用，会带来人格的完善，这样的机会我们怎么能退避三舍呢？

暂时的逃避会让人感到安全，但人总是要往前走的哦！

学会收敛在感情中的控制欲

问： 关心和控制的界限在哪里？我对他的关心，为什么让他以为我在限制他、控制他？

人是感情动物，在感情的世界里，往往情不知所起，一往而深。在深情的基础上，人们还会步入婚姻，给这份感情再加持一份保障。

尽管如此，女性在感情中的不安全感还是非常突出的，总是忍不住想查看手机、了解去向，无论是衬衣上的口红印，还是副驾驶座位上的头发丝，都可能让女性脑补出一部情感大戏。

但这些并不意味着女性不好，因为从人类的进化角度来说这是非常正常的。在原始时代，男人负责狩猎，女人负责抚育孩子照顾家庭。这就使得女人总是处于盼望丈夫归来的情绪中，一旦丈夫晚归，她们的内在就会产生丈夫是不是遭遇危险等联想。因此这种集体潜意识的沿袭使得感到不安全是所有女性的共同点，每当外部环境有变化甚至婆媳关系紧张都会导致女性的不安全感被激发。

尽管这是可被理解的事情，但女性也应当认识到，这种行为也会对关系产生破坏，毕竟没人喜欢被控制。并且还有一些被伪装起来的控制欲也要格外注意。比如妈妈对待孩子的教育理念，爸爸也必须完全遵照执行。这很难被觉察，因为表面看起来这是为了孩子好，但事实上妈妈是妈妈、爸爸是爸爸，这是不一样的亲子角色，育儿方式必定不会是完全相同的，爸爸的想法在这里就被忽视了。

所以收敛起过度的控制欲，要先打消过度打探对方隐私的念头，学会用良好的沟通代替情绪的宣泄，不要总是尝试挑衅伴侣的情绪，适当把自我的期望和需求感降低，给对方足够的空间去做自己。与此同时，消除控制欲合理化的问题。也就是说通过正确的沟通方式去表达自己的想法，减少伴侣的压力和困惑。

如果你还是很难控制自己的控制行为，那么在你感到不安、马上要开始实施"控制"计划之前，跟伴侣来一个拥抱吧，你不必觉得这个做法很奇怪，"拥抱"好似具有神奇的魔法。皮肤作为最大身体器官，大面积的皮肤接触会给双方都带来放松的感觉。研究表明，一个适当的深层拥抱，会使人的心瞬间靠近，建立起信任和安全感。这个时候刨根问底"爱人每天都做了什么"的想法绝对会荡然无存。

我们成年之后，伴侣是陪伴彼此最久的人，一个人生命中绝大部分时间是和自己的爱人一起度过的，两个人的熟悉程度可见一斑。正因为两个人之间太熟悉了，很多时候会让我们得意忘形，会放肆地认为对方是属于我的，这反而容易忽略了任何关系都需要经营的事实，"控制欲"就是已经将经营的意义抛之脑后，使得一切越界的行为都变得理所当然。

不要觉得相敬如宾太客气，在漫长的岁月里，我们要给对方一些自由的空间，才能拥有相濡以沫的力量陪伴彼此从少年走向白头。

多拥抱你的伴侣，你会得到和谐的关系和奇妙的力量。

问： 什么是安全感？某些事情给我造成不安，是因为我缺乏安全感吗？

一个人成长的底气来自家人给的安全感

"世上的爱都以聚合为目的，唯独父母对子女的爱是以分离为目的。"不记得在哪里看到过这样一句话，我觉得极有道理。

小顾3岁时，我和顾老师送他去上幼儿园，那个小小的身影第一次和我们分开了一整天，心里有说不清的一丝担忧，但我知道我们必须这么做。到了初中、高中，送小顾去寄宿学校，到了大学又送他去北京，后来研究生留学去了英国，总之是越送越远。但是在这一次次的送别中，小顾越来越勇敢，

越来越知道自己是谁，越来越知道未来在哪儿，他的眼神坚定又温暖，他的行动清晰又有力。

现在我知道，那一场场送别并不是一幅幅悲伤的画面，而是一个家庭带给孩子奔向自己向往生活的满满底气。这份底气中有安全、满足、勇气，还有追求美好及梦想的力量。

自我们呱呱坠地，父母的精心抚育使得我们从团子一样的小婴儿逐渐强壮起来。我们越来越多的行为能力，给了我们探索这个世界的基本身体条件，我们对周遭事物的掌控感让我们感觉到安全。

如果说，身体健康是一切的本源，是一个人安身立命的根本，那么内心的安全感则是一个人心灵成长的重要基石。它是心理建构中的第一要素，是人格中最基础、最重要的成分，决定着我们会以怎样的方式适应与融入社会，能否充满信心地生活与学习，当冲突发生时，是不是会思考、反省。

心理学家们发现缺乏安全感的人经常感到孤独，有被遗忘、被抛弃的感觉；有悲观倾向；反反复复地反省自己、过分自责、自我过敏；对他人抱有不信任、嫉妒、傲慢、仇恨、敌视的态度；等等。内心缺乏安全感的人总是会感到太多的不确定或者无法控制，他们的内心常陷入不安，他们的想法会产生偏差，他们感到困扰，或是去做些不该做的事情来减轻不安。

在幼年，特别是一岁之内，安全感的建立是从父母特别是母亲那里获得的。这也就是为什么父母需要在孩子幼年时期小心地呵护孩子的安全感。当这种家人给予的安全感深植于你的潜意识中，它们自然得就好像呼吸一样。和健康的体魄一样，当你拥有它时，你不会觉得怎样，但如果你没有这份原始的安全感，那么在内心痛苦时就能感觉到它是多么重要。比如，和伴侣分手了，有一些人会倾向于怪自己在对方面前表现得不够好，他们在亲密关系中总是不那么自信；而有一些人则只是自然而然地认为这不过是一段关系的结束而已，无关乎对错。

说到底，父母给我们注入的原始安全感是我们无论面对工作、感情还是生活中的各种际遇都能勇往直前、自信满满的源泉。这样的安全感给予我们的底气，与成年后努力赚取很多财富、工作取得极大成就或是沉浸于一段美满的感情时的那种幸福和满足感不同，它是从内心中生长出来的力量，并且无论时间流转、空间变迁，都永不枯竭。

安全感的本质就是爱。

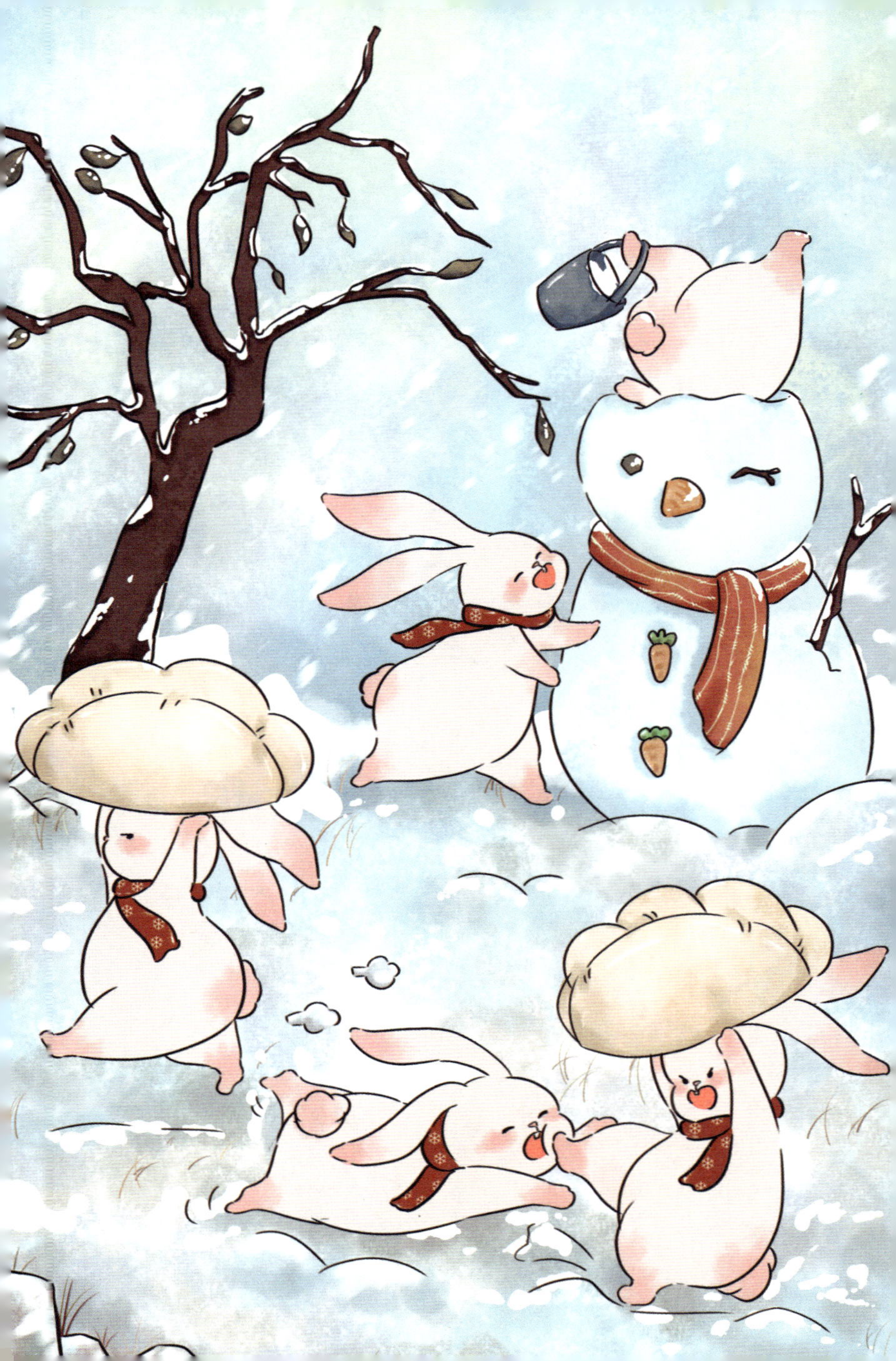

雪是大浪漫，你是小人间

一个人的魅力来自自信而不是外貌

问： 办公室里有位美女同事，相貌平平的我在她旁边总是显得没有存在感。难道个人魅力只能建立在一个好相貌上？

人们总是混淆魅力和美丽的含义。一个拥有较好面容的女性总是会被夸赞美丽；一个带领团队创业的老板，员工会因他做事的魄力而觉得他魅力十足；一个性格阳光热情的教师，学生们会因受到他积极情绪的带动而觉得他魅力十足。

现在"一个人的魅力来自自信而不是外貌"这句话就变得极其容易理解了。魅力来自内在而美丽来自外在，所以魅力其实是个人能量的散发，它的辐射范围就是这个人的能量场，只要走进这个场域的人都能立刻感受到这股能量所带来的独特魅力。并且辐射范围越广就代表能量越足、魅力越大,这也是我们常常所说的"人格魅力"。

究竟是什么组成了一个人的能量场?是他的工作能力、人际交往能力、处理紧急事件的能力、创新的能力、做出决策的能力等等。但这一切支撑都离不开一个人的心理资本,自我效能感是心理资本的重要组成部分,而自信就是自我效能感的核心要素。

这样的拆解可以让人们一目了然地理解魅力源自自信的路径。

自我效能的核心就是"我能，我可以"。自信是个体认为自己有能力执行特定行为，以达成期望目标的一种信念。

有个来访者，他因为错失了一次晋升的机会而长时间深陷懊恼之中，以至于当一个新的发展机遇出现在他面前时，他竟然拒绝了。后来他说，如果按照以往自己的思考习惯，结果是不会拒绝的，因为这份新机遇的发展前景是完全可预测的。但由于当时头脑塞满了沮丧的情绪，因而丧失了基本的判断力。

自信中很重要的部分就是掌控感，只要在出乎预料的新情况或是紧急情况下，看看一个人是如何采取行动，就能看出来他的自信度。不被任何负面情绪带跑，不被裹挟，这就是认为自己有能力在重要的场合下采取恰当的行动，相信自己能消化这些负面事件及情绪并能继续好好工作和生活的一种能量。这种始终向上的能量不仅能让自身飞速成长发展，更能影响带动身边的人，当一个人具有高自我效能的同时又拥有发达支持系统，他的魅力与能量也终将是不可限量的！

日益努力而后风生水起。

因为害怕，开始就选择了拒绝

问： 有的时候，在做某些事之前，我总会脑补出一些不好的结果，导致我一想到这些"结果"就害怕，最后直接放弃，这该怎么办？

在生活中，我们往往更易于接受那些让我们产生积极感受的事物，如一场旅行、一顿美食，而对一些让我们产生恐惧或厌恶的事情总是避之不及。

我的儿子小顾上小学的时候，每当他喜欢的美术课到来时，他总是欢欣鼓舞地走进教室；而每当这一天有他讨厌的英语课时，他的呕吐总是在还没有迈进英语学校的大门前就会准时发作。小顾这种特殊的拒绝方式，我最终决定停掉他的英语课。

还有一个孩子，写作业时的拖延一度让她父母

崩溃不已,"不写作业母慈子孝、一写作业鸡飞狗跳"的剧情每天都要在家庭生活中上演。后来,这个孩子到我的沙盘室进行咨询,他表述了自己写作业磨蹭的真正原因,是每次快速写完作业后家长还会额外安排其他的习题。做作业的拖延恰好让他免于完成更多的学习任务,只是家长会为此不悦而已,而这样的结果相对来说是他更能接受的。

  上面两个例子中的孩子,都在面临与主观意愿相违背的事件时,用一种看似无意识的方式拒绝了这些他们不那么想做或者不太擅长做的事情。

事实上，成年人也时常会发生因为害怕承担结果、害怕不能完美呈现等而直接拒绝的状况。当害怕产生时，人们宁愿预防失败也不愿寻求自身的发展。我们越脆弱就会越倾向于使用这些防御机制，它使我们不敢直面问题，是一种可以自我调适和逃避现实的手段。然而同所有的逃避一样，这些防御机制在短暂的起作用后会让我们变得更加脆弱。在这个无意识交换的过程中，我们牺牲了个人发展的机会，换取了虚无的安全感，尽管这似乎可以规避一定的风险，但同样也错失了发起挑战的机会。

小顾在大学本科毕业后申请去英国继续深造绘画时，对自己当年没能好好学习英语而感到后悔，他用了整整三个月的时间来恶补语言，并顺利被英国皇家艺术学院录取，这期间他一次也没有呕吐过。

所以，让小顾发生呕吐的英语，其本身并不可怕，只是人在不同的心态下赋予了它不同的形象。学习英语这件事，当从小学时的消极防御转变成了大学时的积极迎接挑战时，他便获得了英语带给他的痛快感。

我们常常被自己的想法困住许久。待走到前面再回头看看,才发现那些恐惧其实没有根据,也没有必要。

总把未知的事物想得很艰难,终将把自己牢牢困在原地。

问： 明明锁了门，却总不放心要回去看一下；这个东西不放在那里心里就是不舒服；没有按照习惯去做，纠结半天还是要重新做一下……我这是强迫症吗？

用"强迫"的方式治好自己的"强迫症"

各种消极情绪的感受，是一种应激反应的保护措施。例如，某些突发状况，可能是在恐惧、怀疑、强迫中度过的。如果消极情绪没能得到及时干预，一些情绪易感人群就会出现所谓的"强迫症"状况。甚至还会出现创伤后应激障碍，比如焦虑、抑郁、无助感和绝望感等。

从某种程度上讲，这些消极情绪都是人类在几千万年的进化历史中保留的一种自然反应，只要不过度，就是有意义的。

有些人可能会过度关注一些负面的信息，"强迫"自己不想动，做不了任何事情；也有人可能会借助一些不正常的、有害的生活方式，比如"强迫"自己醉酒、抽烟、过度消费、打游戏、看手机、看电视，以及狂热地工作来逃避。也有人会借助互联网来发泄自己的一些不满，或造谣生事、搬弄是非，或网络暴力、火上浇油。更有甚者，可能把一些负面的情绪如指责、挑剔、控制、报复、攻击等宣泄到周围人身上，甚至可能产生一些自我伤害。这些反应虽然可以理解，但是却不利于我们的身心健康。

那么，当面对消极情绪的袭击时，有哪些办法可以让我们以一种积极的心态去化解心理危机呢？有以下三点我们可以尝试去做。

一是要有一种积极的思维。很多时候我们发现不是这个事情本身对我们造成伤害，是对这个事情的一些消极想法容易对我们造成伤害。比如，上班开车被插队，也许不是插队这个事情，而是你想的插队这个事情可能会对你有极大的影响。如果你认为插队是一种无理的、挑战性的、伤害性的行为，你肯定很愤怒；但如果你觉得这个插队是情有可原的，那么你的反应就不会那么强烈。所以心理学发现改变我们的认识，改变我们对一件事情的思维，改变我们对这些事情的判断，会帮助我们转念，从而超越这样一种负面情绪的体验。

拥抱不完美的自己

二是要加强我们人与人之间的关系。人类是群居动物，我们需要跟别人在一起。那么维持和发展和谐的亲情、友情和爱情关系对我们来讲是非常重要的。它让我们觉得舒适、安全，也让我们觉得有支援、有互助，有一种稳定的互动关系和安全的关系。所以，加强人际关系是一个很重要的心理保护策略。

三是采取积极的行动。我们人类正常的应激反应，一定有一个行动的对策，或者是斗争，或者是逃避，其实都是保护自己。关键在于，选择行动就能够帮助我们释放我们的压力激素，产生内啡肽，让我们特别开心，恢复到身心平衡的状态。要是选择不动，我们的压力激素水平会保持常高的状态，无法产生内啡肽，这就会影响到我们的身心健康，特别是消化系统和免疫系统的功能。

所以，"强迫"自己转念到积极的思维、加强人际关系，积极地行动，才能真正治好强迫症。

这里的"强迫"，含义是迫使自己转念。

有意义的熬夜不一定对身体有害

问： 熬夜有害健康，因此每次熬夜都生出一种自责感，感觉熬夜带来的心理负担要超过熬夜本身了。

相信在这本书中，你已经不止一次看到让人惊讶的题目了，在这个养生概念随处可见的社会中，我竟敢提出熬夜对身体不一定有害的观点。

我知道一种人，即使睡得再多，也还是很疲惫，白天时注意力无法集中，总爱胡思乱想。这是因为他们累的不是身体，而是大脑。大脑的疲劳无法通过身体的休息得以消除。

对于有意义的熬夜这件事，在我和顾老师身上经常发生。我们两个加在一起已经100多岁，常常因为研究一些课程而交流梳理到后半夜，我们的学生经常会很心疼地说："老师，别总是午夜 12 点以后睡觉啦，您早起来做一些工作吧。"为了不让孩子们为我们担心，我们俩总是回答："好的。"但我俩却坚决不改。因为那些交流碰撞出的火花让我们的身体觉得热情燃烧，我们不仅没有累的感觉，反而还觉得轻盈又快乐。

当进行有意义的熬夜时，我们在某件充满意义感的事件中获得一种成就感，高度专注会让我们的大脑获得一段时间的静思，静思就是一种关注当下的"正念"，正念让人们能够全情地投入所做的事情，很快体验到福流的感觉。这样有意义的熬夜不仅不会消耗身体的能量，反而会为身体注入热情和能量。

其实，人们的压力往往来自对过去的懊悔或对未来的担忧。如果注意力一直沉浸在过去或未来，人的内心会越来越疲劳；但如果注意力可以持续集中在每一件当下需要做的事情上，就可以让人的意识回到当下。

有研究证明，当人放松地沉浸在目标之中，即

使处于工作状态也会有放松的感觉，进入所谓的巅峰体验。在深夜静思独处的环境，人会无限接近智慧。

为了"减熬"，改变"虚假疲劳"，这里有几种做法供大家参考：

● 思维能量补充训练

人体受思维影响，思维的活跃度不够，就会导致疲劳现象发生。而思维训练能提高思维活跃度，例如，读书、想象、创作、思考、表达。在感觉疲劳的时候拿起这本书读一篇，换换"思维环境"；把一件很难的事情想象成一个好玩的故事；随手写一篇"三件好事",记录一天的美好瞬间;通过思考,开启大脑"活跃度",激发思维;通过短视频表达对生活的热爱,以及成长感悟。

● 累计"心理资本"

从小事做起,开始向心目中伟大的事情进发。把你要做的伟大的事情告诉家人、朋友,以及支持你的人。此时,你需要的是积极反馈,支持、宽容、理解很重要。尝试、探索新鲜的事情,培养自己的好奇心和与大自然的亲近感。

● 寻找日常生活中的意义感

这是一种积极的心态,也应了积极心理学的原理"他人很重要"。意义是真实的、清晰的、当下的。

把熬夜变成享受,享受现在就是创造美好的未来。

与其讨好别人，不如武装自己

问： 和男朋友在一起，仿佛不知不觉就做出讨好一样的行为，这是为什么？我很想摆脱这种状态，但又不知怎样是正确的做法。

"讨好"这个词，如果放到当今社会的两性关系中，估计很多人会说，现在的女生都要被男生宠坏了，要说讨好也得是男生讨好女生吧。

然而事实上，男生讨好女生大多数发生在追求期或是热恋期，这个阶段一般是男生更主动了解女生的爱好需求，并投其所好，女生则会相对被动一些。但是当一对情侣的关系进入稳定期，甚至走进婚姻后，这样的状况则是刚好相反的，很多内在自尊水平较低或心理能量不足的女生反而变成了关系中的讨好者。

值得注意的是很多讨好的行为其实并不容易被觉察。比如，你本来和闺密约好了一起去做一件事，但这个时候伴侣突然告知你在同一时间段安排了聚餐想要你参加，如果你选择了推掉和闺密的约定，而答应参加伴侣的聚餐，看似是尊重伴侣的需求，但实质其实是你害怕失去爱而产生了讨好。同样的事情，反过来，男生很多时候会推掉和伴侣的约会而去奔赴兄弟的约会。我们也会见到很多女孩不惜远嫁或者放弃事业回归家庭，但也没有获得太幸福的婚姻甚至被出轨等案例。这些都是讨好带给女性的失望和伤害。

蒋方舟曾在一期《奇葩大会》中讲到了自己的讨好型人格，她在两性关系中不敢发脾气；当对方生气，打电话过来的时候，她光道歉就道歉了两个多小时；对方一直打电话过来时，她看着那么多的未接电话，本能感到的却是害怕。

事实上，很多女性朋友会混淆讨好和给予的内涵。讨好和给予是来自完全不同的心理状态。当你试图讨好某人时，是出自恐惧的内在——"害怕失去爱人""极度渴望关注"，你期待有所回报，也许是一个回应、一次认可或是一次亲密的肢体接触，这些对你来说都意味着伴侣对你的爱。当期待反复落空时，你会陷入一种恶性循环：付出→没有回报→压抑不满→再付出→再没有回报→忍无可忍后吵架→关系不好→更没有回报→关系崩溃。然后你会自我否定，陷入低自尊的泥潭中，痛苦不堪。

也许我们较低的自我价值感来源于原生家庭陪伴与爱的缺失，但幸运的是，在任何时候你都可以

重塑自我价值。一旦认识到并愿意承认和做出改变，任何人都可以达到更高的自我价值。

当然，发展自我价值、武装自己强大内心和技能的过程需要时间、耐心和勇气。但愿意做出努力就意味着我们可以通过不断认识到自己的价值而释放出自身本就存在的强大能量。

向外求的是梦中人，向内求的是清醒者。

——卡尔·荣格

允许自己躺平一会儿

问： 生活不易，我也好想躺平啊！可我又怕自己变得消极而沉沦，那不是我想要的自己。

"有时候觉得日子累且无聊，会有那么一瞬间感受到生活真切地无意义，常怀忧郁，精神低迷，生活的烦恼千方百计从你的防御漏洞探出头脑。"

上面这段话是一名网友在一段心灵治愈短片下的留言，那么无力，但又那么真实！

这些年，从"抑郁了"到"emo了"，这一类网络用词频现，能感受到当今社会的压力下，无意义感、职业倦怠、抑郁情绪、低自我、低兴趣、低社会等现象发生在越来越多年轻人的身上。推开家门前一

玫瑰不必非要做

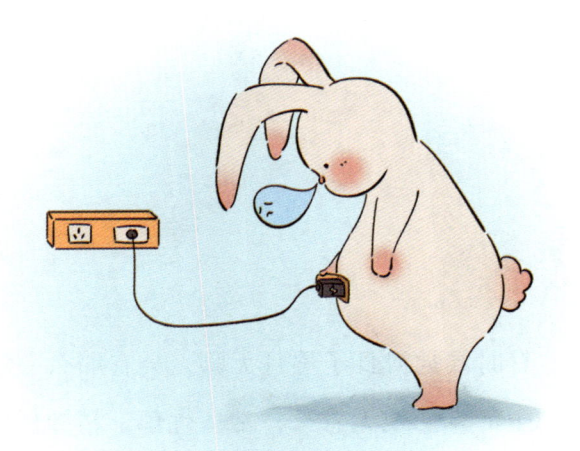

累了就给自己充个电吧

秒在同事面前的笑容，在进家门后瘫坐在沙发上的那一瞬间就变成了木然。这样的木然真实地流淌在身体里，让人感到慌张与失望。

尽管慌张、失望总是让人感受到消极，但千真万确，它是生活中真实的存在。

《一地鸡毛》开篇的第一句话是："小林家一斤豆腐变馊了。"这琐碎的日常是小说情节的起始所在，也是整篇小说的叙述构成。作者曾在一篇创作谈里说："生活是严峻的，那严峻不是要你去上刀山下火海，严峻的是日复一日、年复一年的日常生活琐事。"是的，我们所有人都要接纳这份真实，也要接纳这样的真实带来的无力感、无意义感的时刻，但重要的是不要在这样的消极感受下逐渐丧失精神自觉。

下一次这样的时刻到来时，不妨停下来，允许自己躺平一会儿。

这一会儿的躺平时空里，你需要做一件小事，那就是去品味和觉察，然后更有力量地出发，我们终将找到力量和意义！

品味过去、现在和未来(调动积极情绪)

每个人都有一种叫作"享乐适应"的功能,就是对快乐的事情很快就习以为常。很多状态是"享乐适应"导致的。例如,生活很美好,还会出现那种无力感,前面说的"emo"、抑郁状态接踵而来。预防这种状态的办法就是调动积极情绪,用品味来阻止麻木,同时用品味激发积极情绪。

品味的形式大体上分为三种:

● 品味过去。回忆曾经美好的事情或是细数过往幸运的时刻。

● 品味当下。比如,喝一个惬意的下午茶,听一段愉悦身心的音乐,做一次冥想,和他人有一段愉快的对话等。

● 品味未来。做计划或想到即将发生的积极事件,如马上要休假了、和心爱的人要团聚了等等。

这些对过去、现在、未来积极事件的品味，都能够让我们体验到积极情绪以及放大和延长我们的积极体验。当你能自如运用品味来调动你的积极情绪时，那些让人消沉的无力感就已经消失了。

觉察情绪、认知、方向（觉察并修正认知）

如果你只是调动了积极情绪，而没有在躺平的时空下对自我进行有效及时的觉察，你会发现在不久的将来，那些无力的消极情绪还会卷土重来。如果把通过品味调动的积极情绪称为启动汽车的引擎，那么我们还要找到能让汽车持续行进的燃油，它是推动你生活乃至人生在琐碎的日常下仍能持续幸福前行的核心动力——意义感。

情绪的背后是需求。当出现无意义感的消极情绪时，恰恰是我们进行内在觉察的最佳时机。我们应该知道，一个人的价值观会对其意义感产生影响，个人的核心价值观也定义了他理想的生活状态。在躺平的时空里，快速将自我认知与自我实现更好地结合起来，获得属于自己的个性化的意义感。

彩蛋一：意义就是你对事情的解释。
彩蛋二：觉察就是清清楚楚明明白白地知道当下在做什么。

允许自己躺平一会儿，是为了蓄力、调整，激发意义带来的内驱力，继续在琐碎的生活中保持快乐前行！

在感情中要学会顺其自然

问： 一段单向付出的感情中，明知道顺其自然是不错的状态，可是总想着，万一再努力一次，他就被我感动了呢？

老话儿总说，"强扭的瓜不甜"。我们都知道很多事情努力后可以有一个好结果，但感情这种事却不是单方面努力就行的，我们常常会因为一些个人的执着而陷入痛苦之中。所以感情中能学会顺其自然，不黏着也不执着，真的就是学会了放过自己。

不黏着

深情专一的确是一种美德，勇敢追求自己所爱也是非常美好的事情，但它绝对是两个人的事情，一个人的执着就成了笑话。感情是需要两个人配合的事情，需要我们有一些境界，有一些好的心态，需要有一些顺其自然的心境，否则你就只能在感情里饱受折磨。

当一段感情成为过往，那些站在原地不想向前的女孩子，我常常能在咨询中深切地感受到她们的痛苦，她们向我表达自己再也无法爱上别人。我知道打开那扇心门需要一些力气，但这是一个必须做的动作，不是吗？因为一切已经尘埃落定，一段感情总是有它走散了的缘由，"苦苦地坚持是一种深情"这样的话只能骗一骗自己，自欺欺人总是让人痛苦的，其实你的心里明明知道一切真相，那只是因为不甘心，有一种女性吸引力丧失的懊恼，有曾经的

爱人承诺失信的落寞，有不接纳自己情感结束的黏着。如果能看清这些才是真正伤害你的利器，而不是分开这件清清楚楚的事实，那么，姑娘你就能顺其自然地放过自己！

不执着

感情中的顺其自然也体现着心理学所讲的同理心的本质。通俗来讲就是在关系中要"将心比心"，不执着自我的感觉和认知。能够站在对方的角度考虑问题，能够让人感到被理解、被包容。其实在感情中，人们最容易以爱之名执着地传达自己的想法，而不顾及对方的感受和接受程度。最常见的就是很多女性不是去寻找自己想要的伴侣，而是试图将对方改造成理想伴侣的样子。也会有很多男性基于对女方的爱，照着期待的方向努力尝试，但由于每一个人都有自己的想法和阈值，当男方发觉那些期待自己真的无法达成之后就会转化成一种心理压力，这份压力会让关系转向两个方面：一种是在重压之下，男女双方都无法接纳彼此，导致关系破裂；另一种是基于对女性的深爱而让男方生出深深的"不配感"，同样也使一段感情进入了失衡的状态,男性会变得越来越低落,女性则会越来越强势,这也是亲密关系中常出现的情况。

长久稳定的感情总是要彼此互相尊重和包容的。接纳彼此的不同,经常运用同理心,在心里多多练习这样的台词:"我的想法不一定适合对方,让我来听听TA怎么说。"

同理心的本质就是顺其自然。

只要不赖床，你就是积极的

问： 这个标题，你真的不是在安慰我？毕竟我使出洪荒之力也不能打破每天清晨床的咒语……

"只要不赖床，你就是积极的。"乍一听可能不觉一怔，做到不赖床就算是积极，真的如此简单吗？

不赖床，按照约定的时间起床，这看似非常普通，我们可能很难从这样一件普通的事情中发现它的积极所在。但是，闹钟响起的那一刻，你没有关掉它然后再次倒头睡去，这本身就已经是一件非常了不起的事情了。它意味着你超强的行动力和高度的自律。在积极心理学的六大美德、二十四项优势品格中，它属于节制的美德，这说明你具有自我控制的优势品格。

玫瑰 不必非要做

190

自我控制的优势品格会让你对生活有掌控感，想象一下万事尽在掌握的感觉，是不是觉得不赖床的自己真是非常积极呀！

其实自我控制的优势品格所带来的好处远远不止于此。自我控制的优势品格是自我意识的关键因素，较好的自我控制也代表较好的自身情绪控制和行为控制，而情绪和行为控制是一个人获得主观幸福感的关键。研究表明：人的自我控制越好，主观幸福感就越强，其在稳定情绪及健全人格方面起到一定积极作用。

除此之外，一个拥有自我控制的优势品格的人，会在各种需要处理的事件中更从容，因为其足够自信。他们能在每个完成的小计划里找到小成就感，不断累积而形成自信。并且积极相信，只要保持自律状态，每个自律计划都能成功。因此它是培养各种能力或者技能的必要条件。专注度高也是这一优势品格的人所具有的特征，较好的自我控制会让专注度越来越高，专注度越来越高时，又会反作用于这一优势品格。

一个自律的人因此诞生啦!谁敢说一个自律的人不是高度积极的人呢?

发现积极的力量,它永远会在生活的转角点亮属于你的光芒。

自卑从来都是源于比较

问： 35岁那一年，会不会是人生分水岭，从此我的人生少了选择，多了被选择？

为什么很多公司的招聘会明确标注年龄"35周岁以下"？在我看来这并不是一种歧视，也不应该是所谓中年危机的压力来源。其实，这样一条不成文的规定背后有着一定的心理学规律。

一般到了35周岁这个年纪，大部分人已在自己的工作岗位上工作8—10年了。这样一种工作时间的跨度，人们会自然而然地会生出"比较"的心理，比如：跟同期的人比我是不是遥遥领先？跟新人比我是不是还充满活力创意？跟老板比我什么时候能跨越至上一阶层的位置？这些比较会变成沉重的心理负担，在比较中如果感受到一些失意，就会将过往的一些失败点激发出来，变得失落、沮丧、痛苦。

而这些情绪的背后，则是内心的一种情结被激发了，它叫作自卑情结。自卑情结是生活中涌动的暗流，是在不经意间形成的。也许是在某个对你很重要的时段，曾被别人贬低过，它会产生两个作用结果：一是你自己会去努力向别人证明你是强大的；另一个就是你在心灵的海洋中抛下了一粒石子，渐渐地下沉到达心灵最深处，停在那里，我们似乎感受不到它的存在，可是当有一天，一个机会搅动了那颗石子的环境，它会被迅速地抛出海面，腾空而起。这时，这颗石子就是真正的自卑情结。当你看到空中的石子时，你沮丧、无力，你无法阻止它的升腾和坠落！

自卑情结形成的根源在于比较，是一种"比较—评价—刺激"机制所产生的连锁反应的结果。这种情结会对事物产生排斥、厌恶的作用，并不利于自身的进步，甚至阻碍自身成长。

做最好的自己

但如果将比较这件事转换到一个积极的视角,它也可以是促使人们加快弥补自身不足的动力,但这需要加一点转化的"催化剂"——较高且稳定的自尊水平。实际上,自尊由三大"成分"构成,即自爱、自我观和自信。

我们常常认为树立自信就可以让我们免于陷入自卑情结,但事实上我们经历挫折失败后能够重新站起来是因为内心深处自爱的呼唤:"无论发生什么,我们都值得被爱和尊重。"尽管遭遇的困难依然会让我们痛苦和怀疑,但自爱会让人免于陷入绝望。

自我观是我们看待自己的目光,它仅仅指对自己的认识和了解,因此主观性占据了绝对。就好比一些本来已经非常漂亮的女生,还是会冒着风险多次整容来弥补自认为的颜值不足,让周围人感到非常不解。反之，如果一个人对自己的评价和期待是积极的，它便会形成一种内在的力量，让人经受住挫折的考验，达成最高目标。

自信是认为自己有能力在重要的场合采取恰当的行动，它的作用非常关键。因为自信的维持与发展来自平日里我们每一个小小的成功体验的积累，它对于我们的心理平衡是必须的，就好比食物和氧气对我们保持身体健康都是必不可少的。

如果说自爱和自我观的建立更多来源于孩童时代所得到的爱、情感的滋养，以及父母的期待和想法在我们身上的投射，那么自信的获取则在于我们能否将一切精力和思想回归本身，勇敢地去尝试并坚持不懈。所以，无论我们处于怎样的阶段，放下内心的比较、回归自我才是保持一路向上的秘诀。

让花成花，让树成树，让每个人都成为最好的自己。

自律从放下手机开始

问: 自律是一个听起来很积极、做起来很有益的习惯，可是我好像很难做到自律，总有各种事情打断我的努力，对此我感到很有挫败感。

我想先聊一聊手机的事。智能手机的普及让各种各样的 App 进入我们的生活，买菜、点餐、叫车、网课、购物、读书，加之智能家居的普及，用手机可以操控洗衣机、电饭煲等家用电器，还可以智能泊车，甚至可以开关灯和拉窗帘，一部手机已经无所不能了。我们的生活获得了最大程度的便捷，双手得到了解放。

可是我们在欢呼双手解放的同时，是否思考一下我们的思想是不是被手机绑架了呢？作为一个具有社会角色和家庭角色的个体，我们兼顾着家庭关系和社会关系中的诸多角色，关系的经营需要全身心的陪伴，这是个体的责任所在。

相信看这本书的你正处于人生的黄金时段。高效的学习、工作效率意味着要全身心地投入，而手机正在夺走这份我们应该时刻觉知的责任和自律。现在的人在学习或工作上更热衷于"摸鱼"：大家刷着手机世界里那些和自己有关又无关的横冲直撞的信息，越来越少的人能耐心听父母讲一讲曾经的奋斗岁月，越来越多的情侣面对面一起吃饭却毫无交流，朋友之间的聚会成了"低头族"的线下 party。

我们都忘了我们在关系中的职责，在手机的绑

架下我们无法自主自律地生活。

越来越多的人不愿意做饭了，因为点外卖实在是太方便了。其实家庭烹饪的意义并不只在于一餐的饮食。它是一种培养家庭氛围的最佳时刻，两个人或者一家人，为了一顿餐食的共同目标，购买、准备、制作，这个过程中饱含着配合和彼此的连接，一家人向着一个共同的目标迈进的齐心一致，这是对家的意义最好的践行。但我们已经很少能去深入思考这些意义了，手机操作点外卖不能带给我们这样的思考空间。

智能手机的出现，也让越来越多的人沉浸在它所创造出的短期的多巴胺驱动的反馈回路中不能自拔。多巴胺是一种复杂的神经递质，当大脑期望得到奖励或产生新的知识时，它就会释放出来，智能手机正是利用了人类内心的弱点。这种短暂的快乐释放正在夺走我们宝贵的注意力，事实上，我们大脑内注意力肌肉的发育已不像以前一样了。我们已经忽略了将注意力放在经营关系、开展实践等这些更有意义的事件上。

意义感是人们获取终极幸福的密码，如果从大脑激素分泌物来讲，多巴胺将带来短暂的快乐，而内啡肽则可以带来意义感。如果你觉得很难放下手机马上去执行那些有意义的计划，那么不如先从每天做一些运动开始。研究表明，运动是促使身体分泌内啡肽的有效方式，不妨先从"迈开腿"这件小事开始，逐步激活你的身体源源不断分泌内啡肽，摆脱手机的"绑架"吧！

放下手机，一个小动作，就能开启一次新的人生体验哦！

问： 不爱读书是因为我不是读书的料；上班太无聊，我就不适合在职场；天赋决定命运，我没有这个天赋……这是认清现实吗？

自我原谅最大的危险是无法改过自新

果戈理的《死魂灵》中描述了这样一个人：他的书房里总是放着一本书，在第十四页上夹着一张书签，这本书还是他从两年以前看起的。这种类似的情况，在当今的社会屡见不鲜。

我们在工作或生活中常常立下 flag，但也常常被 flag 打脸。在成功通往目标的路上"自我原谅"的心理成了最大的拦路虎。我们总是不能对自己下手狠一点，"有点累了""今天做得够多了"，自我怜悯的念头总是会自动跳出，因此计划一改再改，目

醒醒吧你！

标一变再变。这一过程中，人的惰性或拖延一再被自我合理化，看似不经意间滋长了"自我原谅"的力量。

　　这是一种比较危险的行为，因为"自我原谅"的力量太大，越会让我们形成一种惯性，最开始只是无法按期完成计划，慢慢地我们变得很难去反驳和应对需要解决的缺点和问题，甚至会发展到对它们视而不见，无法接纳别人提出的让自己觉得难受的想法或建议，这个时候就变成了一种认知局限，形成了一种固定性的思维模式。

在固定性的思维模式下，人们会害怕被评价，害怕冒险，遇到挑战就会退缩，并且担心自己出丑，只选择做能力之内的事情。更重要的是这种思维很容易产生悲观的情绪，使事件朝更糟糕的方向发展。

在情侣关系中，总是进行"自我原谅"的人也往往认为伴侣的小缺点是不可原谅的，因为他们很难意识到情侣双方的感情关系是可以改变并且成长的（不具备成长性思维的模式），不去反思成了一种常态。因为反思常常会让人感到难受，当难受来临时，自我怜悯的念头就又跑出来了，所以哪怕很多时候明明关系已经非常糟糕了，对方已经表现得极不愉快了，但固定性思维的人仍然不会从这些现象出发去深思，而是觉得自己很委屈，更加抱怨对方，更认为对方的缺点不可原谅。这时"自我原谅"的力量已经非常强大了。

那么与固定性思维对应的是成长性思维，我们在《你是胸怀大志还是好高骛远》一文中也做了相应的解答。

自我原谅，它只能粉饰太平，而不能改变不努力的现实。

做一个不好惹的人或许会更受欢迎

问： 办公室里，我是最好说话的那一个，什么事情都交给我，可是我自己的工作还没有完成。下定决心不再接不属于自己的任务，可是下一次，我又答应下来，即使心里十分委屈抗拒也不敢或不好意思拒绝。

还记得本书中有一篇文章叫作《别人怎么对你都是你教的》吗？按照这个逻辑，是不是我们树立了一个"不好惹"的形象，就将教会别人更尊重我们呢？这个答案是肯定的！

这里，我把"不好惹"打上了引号，因为它不是让我们去霸凌他人，它的意思是守护住自己的边界不被侵犯。这个"不好惹"是在面对他人对你的恶意试探时，要迅速有效地阻止，强硬地树立起自己的边界。

那么边界感到底是什么？边界感是指将他人和自我、主体和客体分离，适度的边界感有利于人和人之间健康长久地交往。

但是很多时候，人们会将他人与自我、主体与客体相混淆。比如，有的人总是把自己的事托付给他人，邀请他人跨入自己的界限，也有的人常常会把自己的意愿强加于人，强行跨入他人的界限。虽然表现形式不同，但都是边界感意识差的表现。

最值得我们注意的是，我们有时候会给边界感不强这件事冠以一个"礼貌"的说法。比如，有时候你觉得对方的要求和期待超过了你的承受能力，但是为了不让对方失望，你接受了；有时候你觉得

人家的做法让你很不舒服，但是出于礼貌或者爱心，你忍了；别人和你开玩笑，让你觉得被冒犯了，但是出于"要开得起玩笑，要吃得开"这样的说辞，你把怒火压住了，然后下一次你继续被拿来开涮等。我们常常感叹为什么身边那么多"过分"的人，这个时候要意识到，不是别人有多"过分"，而是到了我们树立起自己强硬边界的时候了。

很好，现在我感受到你已经意识到了这点，要学会做一个"不好惹"的人！那么我们怎么来判断我们的边界感在哪里，又怎么树立起它呢？

如果你产生了不舒服及愤恨不满的感受，那就说明你的边界被别人打破了。如果发生了这样的事情，比如，对方在工作中压制了你，对方不顾你的感受一个劲儿跟你灌输他的价值观、想法、期望等，它们让你的心里觉得无比堵得慌，这就是一个明确的信号，告诉你对方正在挑战你的底线，侵犯你的边界。但是你往往为了维持形象、人际关系或者因为没来由的负罪感、恐惧感常常就忍了。现在我们看看这些负罪感和恐惧感从哪儿而来——它来自你的担心，担心不被接纳认可,担心被别人拒绝。

现在这样的你一点也不酷,因为没有尊重自我价值,又怎能亮出鲜明的个性,"老好人"的名片又怎能吸引同频的人喜欢你、靠近你呢?

要改变这个状况,拥有高辨识度的人格,建立健康的边界关系,你必须先学会尊重自己的价值,包括你的尊严、你的时间、你的精力等。

打破不敢拒绝的怪圈,用坚决的态度亮出你的底线!

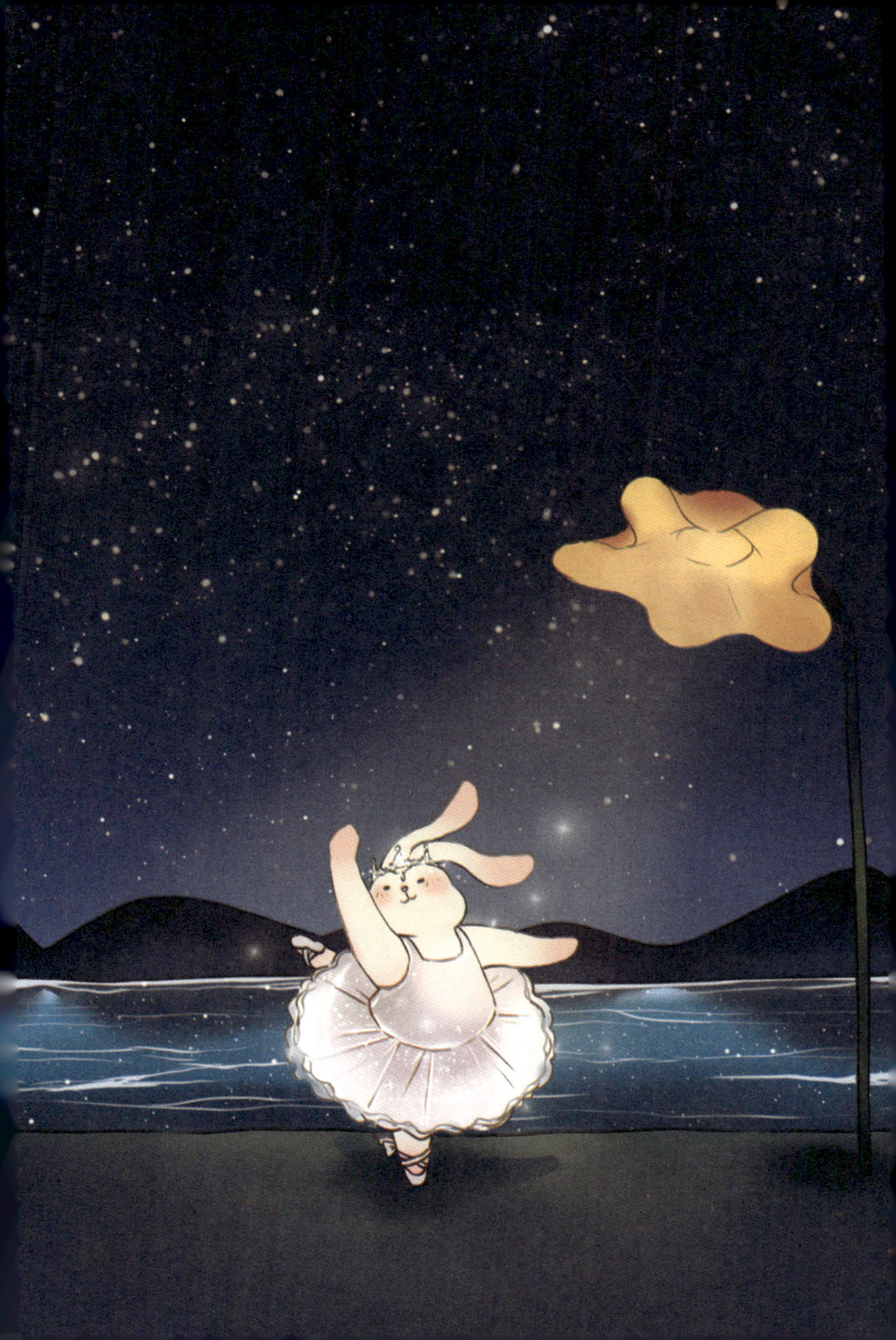

做闪闪发光的自己

作者介绍

郑宏霞

　　高级教师、国家二级心理咨询师、沙盘游戏指导师、积极心理学指导师、中国幸福教育"6+2+1"模式实践者、心理咨询师督导、正念教练、"咨询思维"理论体系和积极心理咨询师课程体系原创导师。

　　她是将积极心理学应用于沙盘游戏中的第一人,研发出一套独特而有效的沙盘游戏指导师课程系统,填补了我国沙盘游戏技术与积极心理学相结合的行业空白。开办的百人沙盘游戏体验活动也是国内首次,在实践中充分发挥潜意识心理干预的力量,大大提高了咨询效果和咨询时长,促使心理咨询进入高效时代。在直播平台上,五分钟连麦体验沙盘游戏短程咨询,更是受到广大网友的喜爱和支持。

她是百余家企业的团建导师,作为"健康中国"企业心理板块的主训导师,郑老师把积极心理沙盘游戏技术应用到企业培训与企业咨询中,打破了传统培训、团建的形式,通过增加员工心理资本,给企业赋能,提升劳动效率,创造高收益。

她是少年幸福课程首席讲师,针对青少年的辍学、厌学、成长中的烦恼,以及潜能开发、优势品格的彰显,有她独特的解决方案和赋能方法,让千余名厌学孩子重返课堂并找到自我优势,甚至挽救过很多人的生命。

郑宏霞老师是致力于心理学应用大众化的学者,是心理咨询职业化的践行者,是为心理健康事业不懈奋斗的实干家。其个案咨询累计上万小时,开展心理公益活动达 300 余场，多次应邀参与电台、电视台和报刊杂志的心理栏目，她的大型心理科普讲座使几十万人受益。

郑老师为了推动中国积极心理学的发展，连续七年成功举办"中国积极心理学'五一爱幸福'大会"，尤其在泰山号邮轮上举办的中国首届积极心理学"爱·幸福·家庭"主题大会，也成为心理学行业办会史上的里程碑。

顾淳

高级教师、心理咨询师、沙盘游戏指导师、积极心理学指导师、心理咨询师督导、幸福企业顾问、"咨询思维"理论体系和积极心理咨询师课程体系的原创导师。

顾老师从事心理咨询及教学工作十余年，深入心理咨询一线工作，个案咨询累计万余小时。他将心理学与现实生活高度融合，解除很多来访者的心理困惑，他的课程轻触人心，憬然思省。

顾老师开创性地将沙盘游戏单一技术推向市场，广泛应用于积极教育领域和幸福企业的创建中，将"沙盘游戏指导师"推向成为国家层面的专项职业技能。引领心理行业进入职业时代，2014年时已成为当时全国最大心理咨询机构——沈阳心灵动力教育信息咨询有限公司的总教头。

顾老师还是"心理资本"在心理咨询及企业团建应用的开发者、倡导者、推动者，积极心理学体系下企业员工帮助计划（EAP）的实践者。并且把积极心理学应用到部队指战员的成长培训中，使用积极心理建构体系，多年来是我国某部队东北华北地区的心理教练，通过激发部队指战员的内在心理优势，提升自我效能、抱有乐观态度、保持坚韧精神、迈向希望的彼岸。

目前，顾老师身兼辽宁国培技能鉴定有限公司、沈阳心灵动力教育信息咨询有限公司董事长，沈阳心动力职业技能培训学校理事长，同时也是心动力课程研发的负责人。2015年，顾老师同郑宏霞老师一道研发了"咨询思维"理论与实操兼顾的应用体系，帮助人们树立思维的成长性、指导性、创造性。2019年，与郑老师共同研发"积极取向心理咨询师"课程体系，并编写相关教材，为心理咨询行业的发展做出了重要贡献。